東京大学富士癒しの森研究所［編］

築地書館

「癒し」で森と人をつなぐ「癒しの森プロジェクト」❶

楽しいから山しごとをする、安らぐから木を使う。
そうして、気がつくと森が手入れされ、
誰もが親しめる森ができていた。
そんな夢を少しずつ現実のものにしよう、というのが
「癒しの森プロジェクト」（第1章）

❷森のエネルギーでクッキング
林内に落ちている木の枝も、立派な資源。落ち枝を集めて無煙炭化器（第3章）で盛大に焚き火をすればたくさんの熾火がたまり、野外ならではの豪快な料理が楽しめる。写真は、カボチャの中にベーコンやチーズを詰めこんで、熾火に埋めて丸ごと蒸し焼きにしたもの（第5章）

❸焚き火を囲んでの語らいはかけがえのない時間をもたらしてくれる（第2章）

❹身体をフルに使う森林での作業は夢中になれ、爽快感も得られる（第2章）

森がもたらすさまざまな癒し

富士癒しの森研究所の四季

❺森と一言でいっても、季節によっても、見る角度によっても、
森の様相はまったく異なる
研究所の森を何度歩いても、毎回発見があり、飽きることがない（第7章）

富士癒しの森研究所の湖畔広場にある東屋（あずまや）

❻丸太を積み上げて壁面とし、薪棚としても機能するようにデザインした。壁面の丸太は薪の原木として取り出して利用したら、新たに森林管理上発生する枯れ木などを運んで積み上げておく（コラム2）

❼毎年刈り払いを行う場所（左）と行わない場所（右）
刈り払いを行うことですっきりとした景観を維持できる（第3章）

森の景観をすっきり保つ

和斧（左）と洋斧（右）。刃の大きさ＝重さや刃の角度が違い、これで割り心地が変わってくる

フィンランド生まれの変形斧。刃が左右非対称で、使いこなすにはコツがいる

おもりを落とすタイプの薪割り道具。少し不安定で、体の小さい人には扱いにくい

おもりを落とすタイプの薪割り道具。補助軸があるので、体力のない人でも扱いやすい

キンドリングクラッカー。とても安全で簡単に割れる。焚きつけなど細かい薪にはもってこいの道具

手漕ぎ式の薪割り機。ゆっくりだが、子どもでも安心して作業できる

エンジン式の薪割り機。非常に強力でどんな丸太もバリバリ割れる。ただし、エンジン音がうるさい

薪割り道具いろいろ（第3章）

⑮山中湖畔の散策路でストックを使ったウォーキングを楽しんでいる様子（第2章）

はじめに

「富士癒しの森研究所」……およそ東京大学の研究所とは思えない名前の小さな研究所が山梨県山中湖村にあります。私は九年前にこの研究所に所長として赴任しました。癒しの森――なんともほんわかしたキーワードを掲げたこの研究所はいったい何を研究するところなのか？　私に何ができるのか？　はじめはとまどうことばかりでした。

何を研究するところなのかは、半年ほどで体感できました。例えばこんなふうです。研究所が行う野外講義では、まずは森林内の環境を整えることから始めます。本来私は教える立場なのですが何もわからないため、掃除担当です。たよりになるほかの先生方に教えてもらい、学生たちと落ちている枝や倒れた木を集めてきて燃やします。焚き火に枝葉を投入すると炎がばーっと上がり、もっともっと火を大きくしたい衝動に駆られます。この作業を数名で一心に続けると、気がつけば森の中がさっぱりとかたづき、あたりの雰囲気ががらりと変わります。寒い日でしたが、体はぽかぽかです。

講義のメインは学生が自分たちで考えた癒しの森をつくる作業です。アイデアを出し合ってつくった木材を使ったベンチや巣箱などはなかなかのできばえです。学生たちは、自分たちの力で森の中をよい雰囲気に変えることができると気がつき誇らしげです。最後は熾火(おきび)を使ってつくる昼ご飯です。炭火で焼いた肉や野菜のおいしいこと! 学生たちは共同作業を通じて仲よくなり、私はおいしい食べ物に大満足、森の新たな側面を知りました。

このような経験を重ね、研究所が世の中に伝えたいのは、森にはさまざまな使い方、味わい方、楽しみ方がある、ということなのだと感覚的に理解していきました。

私は森林科学分野(資源・環境・防災などあらゆる視点から森林を研究する分野)の大学教員であるにもかかわらず、恥ずかしながら少し前まで、森林資源の持続的な「利用」といったら、家を建てたり家具をつくったりすることぐらいしか頭にありませんでした。せっかく日本には木がたくさん育っているのに、現代社会では限られた用途しかないものだなと半ばあきらめていました。本書で紹介する、経済的な指標では測れないことも多い、研究所が目指すような多様な森の使い方については、「利用」だとはっきりと認識していませんでした。けれども、研究所に来て、この身近な森の恵みの、ふだんの生活のなかでの「利用」こそが、私たちの暮らしを豊かにし、将来、日本や世界の森を豊かにする可能性があると気づかされました。この森の利用についての、私が今まで気づいていなかった観点は、古いけれど新しくて、未来に希望の託せる素敵な考え方だと思うのです。

言いわけになりますが、森林科学は研究対象も手法も多様な分野で、そのなかで私の専門の砂防学や森林水文学(すいもんがく)では、山地・森林は国土であり、水源であり、社会基盤として保全するべき対象ととらえます。水や土砂について研究するなかで、水資源の保全あるいは土砂災害や洪水については考えてきましたが、森を使うことについては深く考えが及んでいませんでした。ですがこの研究所での学びで、山地・森林はそこにあるだけでありがたいのに、上手に利用できれば私たちの日々の暮らしに楽しみまでもたらしてくれることを知り、研究対象（山や森）のすばらしさに圧倒されています。なお最近の研究では、森林の上手な利用は、水資源の保全や防災にもつながることが実証されてきています。

日本の森林・林業を野球にたとえると、今の状況はまるでプレーヤーであるプロ野球選手と、プロの試合を観戦する野球ファンしかいないようです。地域で日常的に野球を楽しむ少年野球や草野球の選手はいなくなってしまったかのようです。野球をプレーする楽しみを享受するのはプロ野球選手のみで、ほかはプロの試合を観戦するしか楽しみ方がないように見えます。つまり、森で働き、森の恵みを直接得ることができるのは、ごく限られた専従の林業従事者のみで、一般の人が森に関われる道は、プロ野球の試合観戦にたとえたように、木製の家具を使ったり、木材で家を建てたりなど、サービス業を通じた間接的なものしか残されていません。地域の人々が身近な森に入って薪やキノコ・山菜などの恵みを得る機会もだいぶ少なくなりました。本来少年野球や草野球の存在が、野球というスポーツの裾野を広げ、プロ野球の存立基盤を支えているわけですから、少年野球や草野球をする人がいない状態が続けば、いずれ野球というスポーツ自体が関心を持たれなくなるでしょう。私たちは、日本の多くの地域で森に対する関心がうすれ、森林が価値を失ってしまったかのように見えるのは、森と人との距離が広がってしまったことが原因ではないかと考えました。そこで、この状況を改善するために、プロの林業従事者と消費者しかいない現状を変えたい、草野球の選手を増やしたいと思いました。草野球は少し練習すれば誰でも楽しめるように、山しごとも少し習えば誰でもできるものであると知ってもらいたいとの思いから、一般の人が森に入って森を楽しみ、森の恵みを享受し続けられる仕組みを模索してきました。確かに山しごとは危険なこともあり気軽にできることばかりではありませんが、実態を知り工夫すれば、林業のプロでなくてもできる作業は多く、なによりも楽しいものなのです。

この本では、富士癒しの森研究所が、この一〇年間に一丸となって、また地域の方々の協力を得て取り組み、明らかにしてきた研究成果や実践例を紹介します。取り組むなかで、癒しの森的な森の恵みの利用が暮らしを豊かにすることにすでに気づき、独自に工夫しながら実践している方々が各地にいることも知りました。この本は、これまで支援し、協力してくださった方々や、すでに各地で森の恵みを利用されている方々と情報を共有したいと考え、つくりました。また以前の私のように、身近な森の恵みにまだ気づいていない方々に手に取っていただき、森の可能性に気づいていただく機会となれば言うことはありません。

本書は、癒しの森についての歴史と概説をまとめた第1部と、癒しの森でできる実践例を紹介する第2部の、大きく二つに分けました。富士癒しの森研究所では、教員、技術職員、研究員、事務員などのメンバーが協力して大学の森を管理しながら教育研究を行っています。本書は各メンバーの持つ専門性や技術、経験を持ち寄って構成しました。各章の主な著者とプロフィールは巻末を見てください。

第1部では、第1章で富士癒しの森研究所のある富士山麓・山中湖周辺地域の歴史をたどり、東京大学富士癒しの森研究所の歩みと、「癒しの森プロジェクト」を立ち上げた経緯を説明します。この章を読んでいただければ、人が森と関わり利用するうえで鍵になると私たちが考える新たな指標「癒し」と「癒しの森」について理解していただけると思います。

第2章では、これまで行われてきた地域や森林に関わる一連の研究のなかでの癒しの森の位置づけを示し、癒しの森の普遍性について説明します。この章は少し専門的になりますが、癒しの森という考え方が、地域の森を持続的に利用しながら生活を豊かにするうえで有効であること、富士山麓のみならずほかの地域にもあてはめられる考え方であることがわかっていただけるでしょう。

第3章では、実際に癒しの森をつくる場面で必要な安全管理や技術について、技術職員が実体験にもとづいて紹介します。また、身近にある木材を生かす具体的なアイデアや、プロの林業従事者でなくても使える便利な道具を紹介します。いざ森に入り、森の恵みを利用する際に参考になるはずです。

第4章では、森の恵みの最たるものである薪の上手な使い方について紹介します。ただ単に薪をどう使うかだけではなく、薪が燃える仕組み、煙とは何かまで解説しています。基本的な考え方を知ることで、より薪と上手につきあうことができるようになるでしょう。

第2部では、地域での活動のヒントになるような癒しの森の生かし方・使い方の具体例を紹介します。場面にあわせてアレンジし、身近な森を楽しむ活動に役立てていただければ幸いです。

第5章では、大学や大学院の講義として行った活動のなかから、森での体験プログラムや教育プログラムなどとして広く応用できる活動を選りすぐり、具体的な方法や工夫、注意点をまとめました。このようなプログラムを通じて若人の創造力が発揮されると癒しの森の生かし方が大きく広がることを知っていただけるでしょう。

第6章では、山しごとの楽しみを地域の人々に知ってもらうために私たちが開催し、好評だった企画の実施手順や楽しみ方を、実例をもとに紹介します。このような企画によって地域の可能性を知ることができます。

第7章では、森林散策カウンセリングの専門家が、癒しの森はこころの健康を保つのに有効であることを紹介し、カウンセリングに適した森について説明します。また、森をこころのために使う手軽な方法を紹介します。癒しの森の生かし方・使い方はさまざまであることを知っていただけると思います。

浅野友子

第4章 薪のある暮らし
──癒しの森の原動力

第2部 癒しの森でできること

第5章 癒しの森で学ぶ

第1部 癒しの森と森づくり

東京大学の森「富士癒しの森研究所」

富士山を間近にあおぐ山中湖のほとりに小さな大学演習林があります。東京大学の富士癒しの森研究所です（図1-1）。山中湖畔に面した四〇ヘクタールほどの森、ちょうど東京の武蔵野にある井の頭公園と同じくらいの敷地が大学によって管理され、研究や教育活動が行われてきました。

大学演習林とはどのようなものか、ご存じない方も多いと思います。大学演習林とは、簡単にいうと「大学の森」です。大学になぜ森が必要かというと、それは森林や林業に関わる実地教育や研究をするためです。日本では森林や林業に関する専門課程を持つ大学は、すべて演習林を持つきまりとなっています。東京大学の場合、農学部に森林や林業に関わる分野の教育と研究を行う専攻があるので、演習林は農学部の附属施設となっています。全国に七つの演習林を持っていて、

図 1-1　富士癒しの森研究所とその周辺

富士山の麓、山中湖のほとりに位置する 40ha ほどの平坦な森林からなる。白線内が研究所の敷地

それぞれの森で設置された地域の自然や社会の状況に応じた教育や研究を行っています。富士癒しの森研究所はそのうちの一つで、二番目に小さな演習林です。

私たちの研究・教育のテーマは、ずばり「地域内での循環的な森林利用を軸とした癒しの森づくり」です。

このテーマの意味するところはのちほど詳しく説明しますが、はじめに伝えておきたいのは、私たちはこのテーマをこの地域、つまり富士山麓・山中湖畔特有の事情にそって設定し、実際の研究・教育活動も、この地域に特有のものとして行ってきたということです。したがって、私たちが立ててきた問いも、見出してきた解も、この地域に特化するなかで出てきたものです。

図 1-2a　初代山中寮
東京大学の学生・教職員の保健休養施設として1929年に建てられた

しかし、山中湖畔で活動するうちに、この取り組みは身近な森林の活用に苦心・奮闘しているほかの地域の方々にも参考になるのではないかと思うようになりました。そこで今回、『東大式 癒しの森のつくり方』と題して、私たちが取り組んできた活動の一端を紹介することにしました。

第1章では、テーマの設定にいたるまでの事情を、歴史を遡り、地域の現状と照らしてひもといていきます。

なぜ山中湖畔に東大が

どのような経緯で富士癒しの森研究所がこの地にできたのでしょうか。

富士癒しの森研究所の前身となる東京大学富士演習林は、地元・山中集落の入会地（ある地域の住民が共同利用している土地）の所有名義となっていた山中浅間神社（やまなかせんげん）とここで農耕を営んでいた村人から土地の寄付を受け

図 1-2b 修理しながら今でも講義室として使っているツガ普請の建物

て、一九二五（大正一四）年に設置されました。翌年の一九二六（大正一五）年には、山梨県有地も借り受けて、ほぼ現在の規模となりました。また、同じ頃、東京大学（当時は東京帝国大学）の学生・教職員のための保健休養施設である山中寮が敷地内に建てられました（**図1-2a**）。

この背景には、東京大学、地元住民双方の思惑の一致がありました。

一九二三（大正一二）年の関東大震災で東京大学は大きな被害を受けました。この災害を契機に、東京大学では施設を地方に分散させる構想が持ち上がりました。

一方、のちほど詳しく見るように、この頃、富士五湖地域は保養地開発の黎明期にあり、山中湖村（当時は中野村）は東京大学の施設を誘致し、学生に利用してもらえば地域の発展につながると考えました。

また東京大学も林学教育のフィールドに加え、自然環境に恵まれた避暑地に学生の厚生施設をつくることができれば教育環境が向上すると考えました。ここで両者の意図が一致し、東京大学は山中湖畔の民有林の寄付を受けたと言われています（富士演習林創設八十周年記念事業企画委員会編、二〇〇五）。いわば、富士演習林の設立自体が、次節で説明する地域の事情を反映したものでした。

当時の村や村人の東京大学への大きな期待を反映して、地元住民と東京大学との間にはきわめて親密な協力関係があったと言います。例えば、設立当初は演習林内の野球場やグラウンドの整備に村の青年団が率先して協力し、学生とともに土木作業や草刈りに汗を流しました（熊谷、一九九二）。現存していませんが、一九二九（昭和四）年竣工の初代山中寮は、地元住民が富士山の亜高山帯から伐り出した貴重なツガ材で建てられたものでした。同時期に、同じくツガ普請で建てられた建物は、今でも「富士癒しの森講義室」および「学生自炊宿舎」として利用しています（図1-2b、コラム4〈113ページ〉）。

時代背景と研究テーマの変遷

富士演習林設立当初の事業内容は、残念ながら詳しくはわかりません。ただ、早い段階でカラマツの造林や、高山植物園、薬草園が設置されていたことから、地域性を生かした木材生産や林産物の研究が進められていたことがわかります。また、一九三五（昭和一〇）年に描かれた「富士演習林鳥瞰図」（図1-3）には、道沿いの園地・園路も描かれており、風致の向上を目的とした研究も行われていた可能性があります。

記録によると、第二次世界大戦後の復興・高度経済成長期には、国内の木材生産性を上げるため、寒地性樹種育林試験と呼ばれる、寒冷地ではどのような樹種が木材生産に適しているかを調べる研究が開始されました。この試験は、外国産を含めた数種の寒冷地に生育する樹種を植え、数十年にわたって成長を比較するという、たいへん時間のかかるものです。このような寒冷な自然条件下での木材生産に関する研究を継続しながら、経済の高度成長が転換期にさしかかる一九七一（昭和四六）年から、現在の研究・教育テーマにもつながる、森林の保健休養機能に関する研究が行われるようになりました。保健休養機能というのは少し専門的な言葉ですが、要は、心身の疲れを癒やす保養活動（レクリエーション）や環境教育などの場として活用しうる森の性質と思っていただければよいと思います。

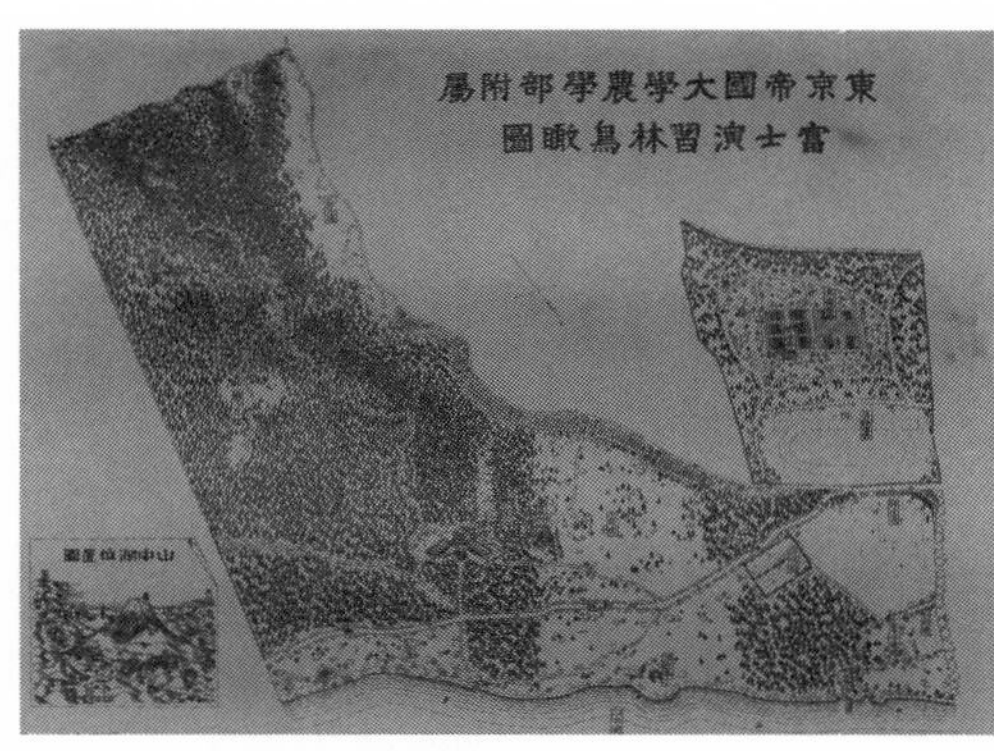

図 1-3 「富士演習林鳥瞰図」
1935 年頃の富士演習林の様子がわかる

この背景には、環境保護運動の高まりや、水源の涵養（かんよう）や快適な環境の形成など、保健休養機能を含む森林の多面的な機能が重視されるようになったことがあるでしょう。また次節で詳しく紹介しますが、この時期、山中湖村では観光業がさかんになりつつあったことも考慮されました。

一九八二（昭和五七）年度以降、富士演習林は一〇年ごとに計画を立て、運営されてきました。はじめの一〇年計画の主な課題は、森林を育てる実験と、森林の保健休養機能に関する研究でした。以後の一〇年計画でも森林の保健休養機能に関する研究が主な課題であり続けました。そして、二〇一一（平成二三）年に立てた一〇年計画で、はじめて「地域内での循環的な森林利用を軸とした癒しの森づくり」をテーマに掲げ、研究所の名称も「富士癒しの森研究所」と改めました。この転換は、より地域の実情に迫り、地域の事情にそった知見を引き出そうとするなかでたどりついた計画でした。

2 山中湖村のたどった道——寒村から国内有数のリゾート地へ

富士癒しの森研究所のある山中湖村は、山野（森）の恵みを抜きには語れません。しかし、今ではその恵みからだいぶ遠ざかってしまっているように思われます。それはなぜなのでしょうか。この疑問が、私たちが、「地域内での循環的な森林利用を軸とした癒しの森づくり」をテーマにすえる出発点となりました。山の恵みから遠ざかってしまうとはどういうことなのか、山中湖村の歴史をふりかえりつつ説明していきましょう。

山野の恵みにたよる厳しい暮らし（江戸時代〜明治時代）

山中湖村の前身は山中村・平野村・長池村という江戸時代の村でした。これらが明治の初め頃に合併して中野村（一九六五年に現在の山中湖村に改称）となりました。これらの村の人口・世帯数は、江戸時代から明治時代までほとんど変わっていません。これは、人々が村周辺の山野を最大限活用して暮らしていて、もはや人口が増える余地のない状態、言いかえれば、この地域の自然資源によって支えられる人の数の限界に達していたことを物語っています。この時代は、全国的にも山中湖村同様、地域の資源が養える人口の上限に達する状況であったと考えられます。

山中湖村のあたりは、富士山からの火山礫や溶岩が堆積した耕作には適さない土地が広がり、標高一〇〇〇メートルの寒冷な気候のため、農業をするにはきわめて不利な条件です。水田稲作ができないことはもちろん、畑作をするにも地力が低いため、少しでも多くの肥料分をまわりの山野に求めなければなりませんでした。それは例えば、刈敷（かりしき）（当地方ではカッチキと呼ばれます）という柴草を堆肥として使うものだったり、柴草を焼いた青灰（あおんばい）という灰を肥料として使うものだったり、馬の糞を厩肥（きゅうひ）として使うものでした（上村、一九七九）。いずれの場合も広大な山野の柴草なくして、畑作は成り立ちませんでした。さらに、山野を焼き払ってつくった畑での耕作も広く行われました。

このように、人々に頻繁に使われる山は、樹木がほとんどないことから「草山」と呼ばれ、富士山の中腹、標高一五〇〇メートルあたりまで広がっていました（齋藤、二〇二〇）。それほどの広大な山野の力を得てしても、この土地では農業だけでは暮らしが成り立ちませんでした。そのため、人々は農業以外の生業で現金収入を得て食料や必要な生活物資を補っていました。

その主な仕事には、「山稼ぎ」と「駄賃付け」がありました。山稼ぎとは、現金を得る目的で板や柱、木炭を生産することを言います。これは主に、「草山」のさらに上にある「木山」、すなわち森林地帯で行われました。木材は重量物なので、伐採現場つまり山奥で柱や板、木炭に加工し、少しでも軽くしてから持ち出しました。駄賃付けは今でいう輸送業で、馬の背を使って行った仕事です（**図1-4**）。

山中湖村は、中世・戦国時代から、甲府盆地（山梨

図1-4　1912年頃の山中湖村の様子

手前に写っているのはおそらく「駄賃付け」を営む人の姿
今尾（1912）より転載

県側）と太平洋に面した駿河（神奈川県・静岡県側）とを結ぶ物流の要衝で、街道が走っており、こうした生業が成立しました。前述した山稼ぎの産品を山から下ろすのにも、馬は利用されました。当時、およそ一世帯に一頭の馬が飼育されており、なかには三～四頭の馬を飼う世帯もあったといいます。馬を飼うには当然ながら多くの草を必要とし、草山の存在は駄賃付けを営むうえでも欠かせないものでした。このように、現金を得るためにも、山の恩恵が最大限に生かされていました。

現金収入以外にも、日常の煮炊きに使う薪や、家屋の屋根に使うカヤ（茅、萱）、山菜やキノコなどの食材が、富士山麓の広大な山野に求められました。つまり、厳しい自然条件のもと、人々の暮らしは、農地以上に富士山麓の広大な山野に依存していたことになります（齋藤、二〇一八）。

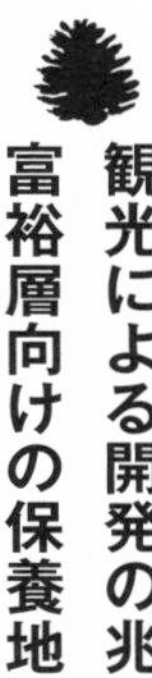

観光による開発の兆し——富裕層向けの保養地（大正時代～昭和初期）

こうした山野に依存した村人の暮らしに変化の兆しが見えてきたのが、大正時代です。当時、世間をにぎわせていた国立公園の設立運動は、表向きは自然を保護することを掲げていましたが、背景には自然を観光的に利用して経済振興を図ろうという政策的意図が強くありました。富士山麓地域一帯は寒冷で土壌が貧困なため農業生産性が低い一方で、富士山という際だった景勝地を抱えていたため、山梨県や資本家は、観光開発の可能性を見出していました。山梨県知事は在京の山梨県出身実業家を集めて、富士山北麓の観光開発計画を画策したり、国立公園の指定を受けるための準備を進めたりしました。地域の外で富士山麓地域の観光開発への期待が高まるなか、一九一七（大正六）年、旧中野村（現山中湖村）に最初の別荘ができました。一九二六（大正一五）年には村人の入会地として利用されてきた県有地で大規模な別荘地開発が行われることになりました。このとき開発された別荘地域は、今では山中湖村の第四の行政区である旭ヶ丘地区となっています。

このような観光による開発が始まったのは、富士演習林が設置された時代と重なります。前述のように、富士演習林が山中湖村に設置される背景の一つに、村人たちの地域発展に向けられた期待がありました。こうした観光開発の動きを目の当たりにして、その期待も大きくなったと考えられます。

しかし、この変化はあくまでも「兆し」であって、村人と山野との関わりは、すぐには変わりませんでした。その理由の一つに、国立公園の指定が遅れたことがあげられます。精力的な国立公園運動の展開にもかかわらず、国立公園法が成立したのは一九三一（昭和六）年のことでした。さらに紆余曲折を経て、一九三六（昭和一一）年に富士箱根国立公園（一九五五年に伊豆が加わる）の区域が設定され、富士五湖の一つである山中湖は国立公園内に含まれました。もう一つの理由に、当時の観光開発は別荘やホテル、ゴルフ場といった大きな資本を背景とするもので、そのサービスを受けるのも富裕層が主体だったという事情があります。駄賃付けの馬を利用して、乗馬サービスに参入する例や、冬の氷結した湖面でワカサギの穴釣りをさせる例（齋藤、二〇一九）はありましたが、それは、地域住民の主業に取って代わることはなく、山野への依存関係を弱めるものではなかったのです。

結局のところ一九五〇年代の半ば頃までは、この地域では農林業が主体で、生産性の低い農業を、山野あるいは湖で得る現金収入で補う暮らしであり、地域の人々の生活は山野の資源に大きく依存していました。

山中湖村の発展と生業の急激な転換（戦後・昭和時代）

山中湖村の人々が本格的に観光関連産業に軸足をおくようになったのは、戦後の高度経済成長期です。その条件を提供したのが、道路網と交通手段の充実です。一九五六（昭和三一）年、東京―山中湖間のバス路線が整備され、戦前の富裕層向けの保養地から、大衆の保養地への変化の幕開けとなりました。一九六九（昭和四四）年には、中央自動車道が河口湖まで、東名高速道路が御殿場まで延び、首都圏の人々にとって山中湖はいっそう身近な存在となりました。観光レクリエーションが大衆化し、保養地（リゾート）としての山中湖村の客層は劇的に広がったのです（山本、二〇〇二）。

この観光の大衆化によって地元住民の観光業進出が促され、民家を改造して民宿とし、大根畑はテニスコートに変わりました。なかでも、住居を改造したり広い敷地を活用して大きな建物を建て

表 1-1　山中湖村における観光関連施設数の推移

（軒、カ所）

年	保養所	ホテル・旅館	民宿	別荘	キャンプ場	マンション	ペンション
1967	516	28	—	1,253	12	—	—
1972	765	35	—	1,956	12	155	—
1977	848	44	—	2,154	12	523	—
1982	939	15	116	2,612	11	979	27
1987	1,033	18	146	2,864	—	1,079	62
1994	1,028	21	166	3,937	—	2,809	71
2015	43	15	113	—	—	—	49

「—」は統計情報がないことを示す。また、1982年から1987年にかけて、統計区分のカテゴリーが変わった。山中湖村観光産業課資料より作成

たりして企業に保養所を提供し、その管理人として働くというビジネスモデルが村を席巻しました。こうして、観光業を軸に生活する時代が訪れます。

保養所やホテル・旅館などの観光関連施設は増加し（表1-1）、同時に地域の人々の生業は農林業から観光業に急激に転換しました。山中湖村における第一次産業（ここでは主に農林業）従事者の比率は、一九五〇年には七〇パーセント以上だったのが大幅に減少し、一九八〇年以降は二パーセント以下となっています（図1-5）。同じ時期三〇パーセントに満たなかった第三次産業（主に観光業）従事者の比率は急増し、一九七五年に八〇パーセントを超えました。地域の人々の生業が二〇～三〇年という短い期間でがらっと変わったことになります。

生業の急激な転換にともない、山野は「生活に必要な林産物（生活物資と現金収入）を得る場所」から、「観光開発によって現金収入を得る場所」に大きく変化し、山中湖畔は発

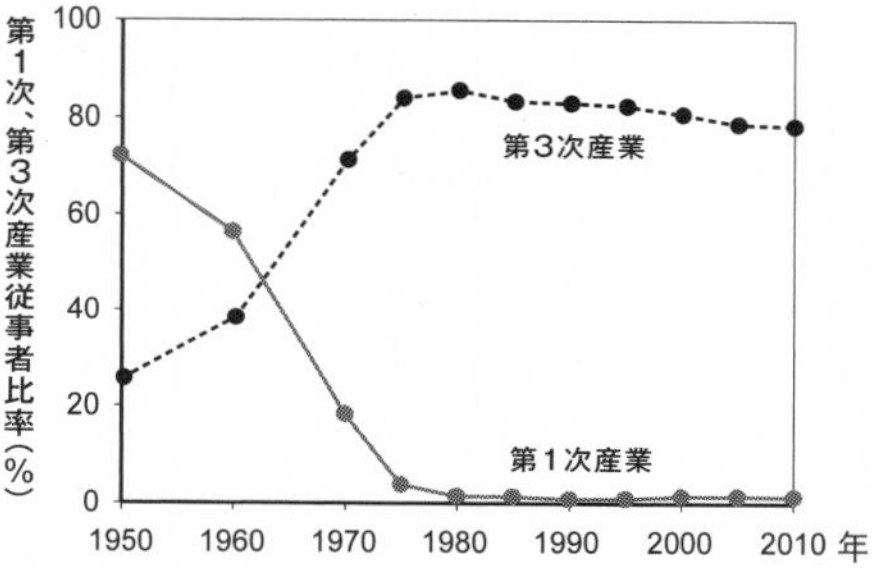

展します。もはや、観光業で得られる収入で豊かな暮らしを手に入れられるようになりました。こうして、山野は多くの人々にとって直接的に暮らしを支える恵みをもたらす場所ではなく、観光業を介して間接的に経済的な豊かさをもたらす場所となったのです。

観光を基軸としためざましい村の発展は望ましいことでしたが、これには副作用である「森と人の断絶」をともないました。人々は山野の産物を得る努力をしなくても、村の中にいて、祖先から引き継いだ土地・建物などの資産を活用することによって、それまでにはない豊かな生活が現実のものとなりました。その一方で、人々の身近な山野への関心を遠ざけてしまったのです。

この急激な変化の背景には、第一次産業、つまり山野との密接なつながりに支えられていた以前の暮らしを「貧しいもの」と考える発想もひそんでいたように思われます。

図 1-5　山中湖村における第１次産業（主に農林業）と第３次産業（主に観光業）の従事者比率の推移

1950 ～ 1970 年にそれぞれの比率が激変し逆転する。国勢調査にもとづき作成

森と人の断絶と日本有数の保養地の衰退（平成時代）

今日、富士山麓の山中湖畔は、日本有数の保養地として名をはせています。しかし、**表1・1**からは、かなり不安な要素を見出すことができます。例えば、山中湖のもっとも典型的なビジネスモデルともいえる保養所の数は、一九九四年から二〇年の間に二〇分の一以下に減りました。ほかにもテニスコートなど、地域住民が投資してきた観光関連施設は、近年著しく凋落（ちょうらく）しています。この減少がなぜ起こっているのか、明確な答えはまだ見出せませんが、仮説は立てられます。それが、先に述べた「副作用」の存在です。

少なくとも言えることは、従来型の観光施設のいくつかが、来訪者に評価されなくなった、ということです。そこで、どのような観光施設が衰退し、あるいは評価されているのかを分析してみます。高度経済成長期以降、地域住民によって幅広く展開された観光関連の施設は大衆化した観光に焦点をあてたもので、テニスや湖上スポーツなどのいわば「アトラクション」に付随するものでした。これは専門的には「目的滞在型観光地」と呼ばれるものです（佐々木、一九八八）。一方で、戦前から続く別荘地など、山中湖村にある環境、あるいは空間での滞在そのものを価値として提供する形態も残っています。この滞在そのものを価値とする形態をここでは「リゾート地」と呼ぶことにします。この二つのタイプの観光形態が共存し、すみわけることで、観光地・リゾート地としての山中湖村が発展してきました（山本、二〇〇二）。そしてここで注意深く見てみると、前者のタイプの施設、例えば保養所やホテルなどは大幅に減っていますが、後者に分類される別荘の数は、最近でも着実に増えています（表1-1）。このことは、来訪者にとって、何か目立った「アトラクション」があることが魅力となっているのではなく、滞在するに足る環境・空間そのものが山中湖村の価値として根強く残っている、あるいは、そのような志向に向かいつつある、ということを意味しているのではないでしょうか。

このように見たときに、滞在して快適な環境・空間を、今の山中湖村が提供できているかというと、心配な点に思いいたります。それは、極端なまでの観光業への転換がもたらした副作用とも言える身近な山野への無関心です。また、長引く材価の低迷もあって、この地域でもほかの地域と同様に林業に対する意欲はとても低くなっています。そのため、村の土地の七割を覆う森林は、手入れがされずに荒れてしまっているところが多く見られます（図1-6）。このように放置された村内の森林は、藪が茂り薄暗く、心地よさを感じにくい空間になっているばかりか、倒木や落ち枝が増えると人が立ち入るのは危険な場所になり、隣接する建物などを損傷することさえあります。これでは、せっかく森林に恵まれている日本有数の観光地・リゾート地であるにもかかわらず、その魅力をほとんど引き出せていないばかりか、場合によってはマイナス要因さえ生み出しているのではないか、と思うのです。

二〇一三年には富士山およびそれに関連する文化財群が「富士山―信仰の対象と芸術の源泉」として世界文化遺産にも登録され、訪れる観光客の数は増加しています。この数十年で環境保護の考え方が浸透したことや、豊かな自然を求めて国内外から観光客がやってくることから、森林を含めた地域の自然資源の価値も見直されつつあります。こうした社会の変化に対応できていない状況を、地域社会における「森と人の断絶」はもたらしているのではないでしょうか。私たちが掲げた研究テーマは、山中湖村が実際に経験した観光地・リゾート地としての発展と、そしてそれがもたらした副作用「森と人の断絶」が存在する違和感、言いかえれば、一般社会では地域の自然資源の価値が見直されるなかで地域の内部では森が実質的に顧みられていないのではないか、という違和感を背景に生まれてきました。

図 1-6 枯損木が放置され、低木類（薮）が繁茂した林内

3 「癒しの森プロジェクト」、始まる！

たどりついたのは「癒し」

ここまで見てきたように、山中湖畔では森が人々の暮らしから乖離（かいり）して数十年経過し、森が人々の意識を集めることは少なくなってしまいました。しかし日本有数の保養地である山中湖村では、豊かな森はその存在自体が人を引きつける重要な要素であるはずです。富士癒しの森研究所ではこのことを認識し、森と人とのつながりを新しいかたちで結び直すことができないかと考えました。

森と人とのつながりで、はじめに思い起こされるのは「林業」でしょう。ここで「林業」とは具体的には、植林し、それを間伐などの手入れをして育て、数十年後に収穫して、それまでにかけた費用の回収をしつつ、収益をあげるというモデルを指します。私たちは当初より、「林業」という言葉で一般化された森林地帯の生業（あるいは産業）像は、山中湖村にはどうにもあてはまらないのではないかと考えてきました。その理由ははっきりしています。山中湖村でも、過去にはこの一般的な林業モデルにのっとり、カラマツを中心とした植林が行われました。ところがあとになって、この地域のカラマツは五〇年ほど過ぎると、菌類による腐朽によって木材の芯の中腐れが多く発生することがわかってきたのです（Ohsawa et al., 1994）。このような地域特有の事情から、最終的な木材の収穫・収益で、植林からその後の森林整備のコストを賄うという従来の仕組みは、この地域ではとうてい成り立たないと言えます。

そこで、一般的な林業モデルから視点を離し、この地域特有の事情にとことん注目してみました。すると、豊かな自然を求めて移住したり、別荘をかまえたりする人の存在があり、さらに、例えば暖をとるための薪や森での散策など、「森の恵み」を望む人たちの存在が見えてきました。もちろん、この村が「観光立村」を謳うほどに、観光業を地域の主な産業と位置づけていることも、この地域の特徴です。こうした地域特有の事情を探るなかでたどりついたのが、森と関わりたい人が「癒し」を得ながら森に手を入れることで、誰もが「癒し」を得られるような森林空間が生み出されるという仮想的なモデルです。

「癒し」という森の恵み

かつての山中湖村がそうだったように、森は恵みを得るところと認識されていれば、村の人々は森に出かけ、恵みを得つつも、将来にわたって恵みが得られるように管理をします。しかし、恵みを感じることができなければ、もはや森と関わる動機がなくなります。今、森と人とのつながりを結び直そうとするとき、何が森と関わる動機となるのでしょうか。今の時代の恵みとはなんでしょうか。ここで私たちが注目したのが、「癒し」という恵みです。

「癒す」を辞書でひくと「病気や傷をなおす。飢えや心の悩みなどを解消する」(広辞苑)とあります。このように、「癒し」は本来、通常より悪い状態に陥ったときに、通常の状態までもどすことを意味しています。私たち富士癒しの森研究所では「癒し」を「身体的・心理的・感覚的な満足を得ること」と、必ずしも悪い状態を出発点とはせず、より広い意味を持つ言葉として定義し、本来の人の感覚を呼び覚まし、認識し、共有するためのキーワードとして使っています(41ページ)。

「癒し」が森と人をつなぐ可能性

では、「癒し」がどのような恵みであるのか、「癒し」がなぜ突破口になりそうだと考えたのか、具体例をあげて説明します。近年、第一級の保養地である山中湖畔でも、間伐などの手入れがされず荒れはてた森が多く見られるようになりました。一方で、山中湖畔には、都会から豊かな自然を求めて移り住んだり、別荘をかまえたりする人が絶えません。こうした人々の多くは薪ストーブで暖をとることを望んでいますが、地元の人(森林所有者)とのつながりがないために薪の入手が難しいといった現状があります(笠原、二〇一七)。

そこで考えたのが、管理されず荒れた森にある樹木を整理して、薪として使ってもらえれば、森林は保養地にふさわしい安全で快適な空間となるのではないか、ということです。建築材にはならないような間伐材や倒木でも薪としては十分に利用価値があります。森林所有者からすれば、間伐材や倒木を森から引き出すのは手間がかかるうえ、経済的なメリットが乏しいので、そのまま放置していることが多いのです。けれども、潤いのある暮らしのために薪ストーブを使いたい人にとっては、森から間伐材を引き出して薪をつくる経験や、その作業自体が楽しみ（「癒し」）となるのではないでしょうか。山しごとは一人ではできないものが多いため、必然的に仲間との楽しい共同作業が生まれ、それも「癒し」となるでしょう。そのうえ薪ができると達成感や満足感も得られます（これも「癒し」）。もし、森と関わりたい人が、経済的にはマイナスの作業をやってくれるのであれば、森林所有者にとってはコストをかけずに森の手入れができます。

森林所有者が観光関連の仕事をしていれば、きれいに整備された森は、はからずも観光保養地の景観向上に貢献し、地域の観光価値を上げるので、その側面でもメリットが期待できます。さらには薪の利用を通じて、移住者と地元の森林所有者、移住者同士など、新しい人と人とのつながりができ、新たな地域共同体が形成されることも期待でき、これらもまた広い意味での「癒し」となります。

このような循環的な森林利用を可能にするためには、「癒し」についての研究、例えば「癒し」を最大限に引き出せる森とはどんな森なのかといった研究が必要になります。それは、まず「森を

図 1-7 放置されてきた森林は、楽しみながら手入れをして（図の左側）、誰もが安心して快適に楽しめる森（図の右側）になる可能性がある。また、整備によって発生した木材は薪や簡単な工作にも活用できる（図の上方）

観察する」ところから始まりますが、この「自然をつぶさに観察する」楽しみや、仲間と植物などの観察会を開催することにより新しい知識を得、共有することで得られる満足も、もちろん「癒し」となります。身近な森を知ること自体が「癒し」であり、森と人をつなぐ大きな一歩となるのです。さらに森林を利用するためには、山しごとを可能にする安全な技術の開発が必要となります。私たちの研究所で開発・実践してきた安全な技術については第3章で紹介します。

ここまでくれば、「癒し」を軸にすることで、いったんは乖離してしまった森と地域の人々との新たなつながりが生み出せそうであること、さらにはこのプロジェクトがこれまでほとんど接点のなかった人と人とをつなげ、地域共同体を活性化する可能性まで秘めていることを理解していただけるのではないでしょうか。
こうして、私たちは、地域にある森林資源を利用しつつ、地域の森を守り育てる仕組みづくりを目指す「癒しの森プロジェクト」に取り組むことになりました（口絵1・図1-7）。

「癒しの森プロジェクト」は山中湖村だけのもの？

さて、このような経緯で立ち上げた「癒しの森プロジェクト」は、あくまでも山中湖村の事情に焦点をあてた狭い視野からの着想にもとづきますが、このプロジェクトで見えてきたことは山中湖村だけに通用するものなのでしょうか？　考えてみると、ここまで説明してきたような状態は、なにも山中湖村に限った話ではありません。

言うまでもなく、つい一〇〇年前まで日本列島に住む人々の暮らしは森の資源に大きく依存していました。家を建てる木材や煮炊きするための燃料、木の実やキノコ、肉などの食料や畑の肥料も森から得ていました。また高度経済成長期を通じて、人々の生業が第一次産業から、第二次、第三次産業へと数十年の間に大きく変化したことも、全国的な現象です。こうした時代の変化を経た現在、私たちの暮らしは、遠くの国や地域で生産される燃料や食料に支えられ、身近な森の資源を使う機会はめっきり減っています。一般的な林業モデルでは、地域の森林管理がままならないところが大多数であることもしだいに明らかになってきました。つまり山中湖畔で起きてきたことと同じような、身近な森と人の断絶は、全国各地で起こってきたのです。

しかし、身近な森は依然として保健休養の場として、また水資源涵養などその他にも多くの公益的機能を持つ社会基盤として、人の暮らしに不可欠なものであることに変わりはなく、大切に取り扱うべきものであることは言わずもがなです。このように見ると、山中湖の事例を掘り下げ、解決策を見出すことは、ほかの地域の問題解決の糸口になる可能性が十分にあるのです。

地域の事情によりそった、森と人との関係をつくる

概念的な表現になりますが、「癒しの森プロジェクト」が見すえるのは、癒しを軸に森と人がつながり、さらには人と人が共鳴する地域社会の姿です。先ほど「癒しの森プロジェクト」のアイデアや実践は、ほかの地域の問題解決にも役立つはずだと言いましたが、同時に、森と人との関係を再構築するためには、なによりもそれぞれの地域特有の事情によりそい、地域の環境にあわせた実践が重要であることを強調しておきたいと思います。本書では、森と人、人と人の関係性をつくる具体的な方法を「東大式」として紹介していますが、これが唯一のやり方ではありません。地域の実情にあわせてアイデアを採択し、それぞれの地域にあわせて最適化していただきたいと思います。

次章では、癒しの森とはどのような森で、どのようにつくればよいのか、さらに、「癒しの森プロジェクト」が思い描く未来社会について詳しく紹介していきます。

第2章　みんなでつくる癒しの森

1 癒しの森ってどんな森？

日本の社会と森の癒し

私たち日本人は、その歴史の大部分を通じて、生活資材あるいは収入を得るという観点から山野を見てきたと言えるでしょう。『万葉集』にスミレやカタクリなどの野花を愛でる歌があり、江戸時代には物見遊山（ものみゆさん）がさかんに行われたように、昔の人々も野山に癒しを求めていた一面もあります（品田、二〇〇四）。しかし、癒しのために森を整えようという発想や取り組みは、大きな歴史のなかで見ると、近年になってから生まれました。

癒しのために森を整えようという発想の始まりは、明治後期に行われた日比谷公園などの都市公園の設定や森林法において設定された風致保安林、または公衆衛生林に遡ることができます。その後、国立公園設置の議論が持ち上がり、一九三一（昭和六）年に国立公園制度がつくられ、近代的な制度として、風景に優れた場を確保するための仕組みが整えられてきました。

高度経済成長期には、「レジャーブーム」という言葉も生まれ、余暇活動の場として森林などの自然環境が着目されるようになりました。一九七〇年代には、森林の公益的機能の一つとして保健休養機能が明確に位置づけられ、国有林を中心に自然休養林が整備されました。バブル経済の頃には、リゾート法がつくられ、リゾート開発が促進され、各地の森林地帯でゴルフ場などのレジャー施設が計画・建設されました。森は、時代の発展とともに癒しの対象、簡単に言えば、レジャーやレクリエーションの場としてとらえられるようになってきたのです。

私たちの社会が、レジャーやレクリエーションの対象として森をとらえるようになってきた背景には、ある種の必然があったと言えます。一つは、都市化が進み、身のまわりに緑が少なくなったことです。人はなんらかの手段、例えば植物を育てたり、自然の豊かなところへ出かけたりすることによって、緑への欲求を満たそうとすると言われています（品田、二〇〇四）。もう一つは、雇用労働が一般化したという事情が考えられます。一般的に雇用労働は、主体的に何をいつするのかを決められるわけではありません。ですから、自発的な活動であるレジャー、あるいはレクリエーションと呼ばれる活動への希求が高まってきたと考えられるのです（齋藤、二〇一七）。

ここで、レクリエーションの語義を見ておきたいと思います。英語のrecreationという語は、re（再び）とcreation（創造する）から成り立っており、活力を回復する活動ということを意味しています。一日の大半を労働に捧げている現代人にとって、「レ・クリエーション」は欠かすことができない活動と言ってよいでしょう。

実際に、森林浴によって心身がストレスから回復することは、多くの研究によって確かめられてきています（上原ほか、二〇一七）。この先の社会においても、森林でのレクリエーションが持つ意味は、増えることがあっても、減ることはないでしょう。

癒しの森とはどんな森か

森の「癒し」への期待の高まりに対して、どのように森林は管理されていくとよいのでしょうか。言い方を変えれば、癒しの森とは、どんな森のことなのでしょうか。この問いに一言で答えることは難しいと思います。というのも、「癒し」がきわめて主観的なものだからです。

何が「癒し」となるかは、人によって、あるいは状況によって変わってきます。例えば、よく整備された公園のような森林でただじっとたたずむことが「癒し」になる人がいる一方、険しく藪（やぶ）が茂ったような森を踏破することが「癒し」となるような人もいるでしょう。こうしてみると、癒しの森を追求するということは、風景に優れた場もさることながら、そこで何をするのか、何ができ

るのかも同時に考えることが重要になってきます。

私たちは、森がもたらす「癒し」について、暫定的に次のように定義してみました。それは、「森林あるいは森林由来のモノ（資源）と関わることで得られる身体（感覚）的・心理的満足」です。そうすると癒しの森は、散策などのいろいろな活動が快適に行える森林空間であり、薪やベンチなど暮らしを彩るモノをもたらしてくれる空間であり、山しごとが楽しみとして行われる場であるということになります。別の言い方をすると、森林空間あるいは森林由来のモノ（資源）と関わる人に、さまざまな場面で「癒し」がもたらされる森林であり、森と人の関わりにおいて「癒し」が最大限に引き出されるような森ということになります。そのためには、森が一定程度整備されている必要があり、同時に人は「癒し」を得るための森とのつきあい方を身につけていなければなりません。

癒しの森からもたらされる「癒し」

それでは、私たちが想定している具体的な癒しの森の場面について、簡単に例示しましょう。

●散策や観察

これはもっとも多くの人や状況において「癒し」が得られる場面でしょう（**口絵15**）。木もれ日のさす森の小径をゆっくり歩き、清々しい空気を吸い、春から初夏にかけては鮮やかな新緑が、秋にはさまざまに色づく紅葉が目を楽しませてくれて、野鳥のさえずりが耳を楽しませてくれるかもしれません。時には、足元に咲く小さな花や、枝の上を行く虫の仕草を観察することも、「癒し」をより充実させてくれるでしょう。

しかし、どのような場合にも森で散策や観察をすることが「癒し」になるとは限らないことに、注意が必要です。例えば、鬱蒼(うっそう)として行き先の見通せない森を想像してみましょう。そのような森で、何か得体のしれない生き物がガサッと音を立てたとします。このようなときは、その森はむしろ恐怖を与える環境になり得ます。すなわち、散策や観察を通じて「癒し」が得られる森というのは、ある一定の条件を満たしている必要があるのです。

残念ながら、今の日本では誰もが安心して散策や観察を楽しめるような森は、それほど多くは見あたりません。第1章でもふれたように、今の日本の森林の多くは管理の手が行き届いていません。そうなると、例にあげたような、恐怖や不快感を与える環境になってしまいます。こうした状況を解消し、いかに散策や観察を通じて「癒し」を得られるような環境にするかということについては、のちほど詳しく考えることにします(第3章)。

●森の恵みをいただく

森の恵みがもたらす「癒し」も多岐にわたります。春先の山菜や秋のキノコは、食卓に季節の彩りを与えてくれます。道すがらつまむキイチゴ、アケビ、サルナシは、即席のデザートとなります。

それらを集めてジャムをつくるのは手間がかかるものの、大きな充実感が得られるかもしれません。木の実といえば、クリやクルミも森はもたらしてくれます。ものづくりが好きな人にとっては、足元に何気なく落ちている小枝や松ぼっくりも森の恵みとなります。天然の森の素材でつくられるクラフトやリースは、家や仕事場を和やかに演出してくれるアクセントにもなります。

そして、木材も忘れてはいけません。家の内装や家具に木肌の柔らかさを求めるのは、多くの人に共通する心情だと思います。こうした木材による生活空間の演出は、おおむねプロにまかせなくてはならないものですが、もっと素人的な扱いをしてもいいのではないかと思います。例えば、木は簡単な加工をするだけで、東屋（あずまや）やベンチなどとして、癒しの森を演出してくれることを期待できます。なかでも薪は、もっとも素人でも手に入れやすいのではないでしょうか。庭での焚き火や暖炉で眺める炎の揺らめきやパチパチと火のはぜる音は、時を忘れさせてくれるし**（口絵3）**、寒い冬の薪ストーブは、体を芯から温めてくれます。

●山しごと

一見苦痛そうな手作業も、場合によってはかけがえのない楽しみになります。例えば、灌木（かんぼく）類の刈り払い（柴刈り）や薪割りも、どこか無心に熱中してしまうところがあり、何かにいきづまったときの気分転換にもなったりします**（口絵4）**。実際、薪割りなどの薪を調達するための作業は心理的な充実を得ることができ、「薪割りクラブ」などのグループ活動も成り立っています（深澤、二〇〇一・草苅、二〇〇四）。さらに、森林内での作業は、コミュニケーション能力の改善に大きく寄与することも報告されています（上原、二〇〇九）。森林での作業は、収穫の喜びを求めて行うものでも、純粋に充実感を求めるものでもよいと思います。また、仲間をつくって取り組むことで「癒し」をさらに充実させる可能性があり、森林所有者とのコミュニケーションが生まれることによって「癒し」がもたらされることも期待できます。

森林整備の計画を立てるうえで、森林の状態を調査することは重要ですが、それが楽しみの対象となることも、私たちの研究所での試みのなかからわかってきました。

勘のよい方はお気づきかもしれません。このように人々が楽しみながら山しごとをすることは、同時に森の恵みを得ることにもつながり、散策や観察を安全で快適に行える環境を整えることにもつながります。森から「癒し」を得る活動は、うまく組み合わせればより多くの「癒し」が得られることになるのです。本書で提案しようとしている癒しの森づくりは、森から「癒し」を得る働きかけをうまく組み合わせることによって、森がもたらす「癒し」をなるべく多く引き出そうという試みでもあります。次に、そのあたりを詳しく見ていきます。

2 森は動いている

まず癒しの森をつくるうえで、留意しておかなくてはならない大事なことがあります。それは、森は常に動いている、ということです。

日本の風土と森

「後は野となれ山となれ」。しばしば耳にするこの諺(ことわざ)は、日本の風土をじつによく表しています。日本の国土の大部分は、温帯から亜熱帯に属し、湿潤な気候下にあります。このことは、植物の生育にとっては好条件であることを意味しており、放っておけば、樹木が茂り森林が形成されることになります。しかも、日本は、北米やヨーロッパのような氷河期における植物の大量絶滅を経験していません。言いかえれば、植物の種多様性がきわめて高く、多種多様な植物が虎視眈々(こしたんたん)と生育しようとしています。自然にまかせておけば、多様な植物が競うように生育の場を獲得しようとして、やがて野となり山となるのです。このような強い力学が働いているのが、日本の風土です。

人の暮らしがつくった風景

少し時代を遡ってみると、日本には森林は今ほど多くありませんでした。つい一〇〇年ほど前は、森林と同じくらい草地が広がっていました（小椋、二〇一二）。さらに、地域によっては、草木がほとんど失われたハゲ山も広がっていました（千葉、一九九一）。森林があるところでも、今のように鬱蒼としたところはごくわずかで、ひょろひょろと細いマツなどの樹木に覆われているのがふつうでした。例えば、江戸時代の絵図などを見ると（図2-1）、山にはほとんど木がないか、あっても貧弱なマツの木がまばらにある程度、というのがよくある風景でした。

こうした風景は、人々の暮らしが形づくっていました。例えば、緑肥を得るために草を刈り取ったり、焚き木を得るために木を伐ったりという営みが繰り返し行われたことによって、こうした風景が維持されてきたのです。しかし、人の営みが変わり、肥料として草を使わなくなったり、燃料として焚き木を使わなくなったりすると、風景は様変わりします。というのも、「後は野となれ山となれ」という風土だからです。人々が山の資源を使わなくなれば、やがて草地は森になっていき、樹木がまばらな林は鬱蒼とした森になります。また、利用されなくなった草山や薪炭林は、スギやヒノキなど木材として将来的に販売の見こめる樹木を植える場所として使われるようになりました。これは「拡大造林」と呼ばれ、戦後に全国各地でさかんに行われました。こうしてたどった先に、

図2-1　木がまばらにしか生えていないかつての景観
富士山の麓の村のまわりも、木がないところが多かった。富嶽三十六景「甲州三坂水面」Wikimedia Commonsより

私たちの目の前に広がる森の風景があります。時代を経て、風景は大きく変わってきたのです。

今、私たちの日常生活において、森林のもたらすモノを、不可欠なものやありがたいものとして実感する場面がどれだけあるでしょう？　少なくとも、上記のような、草や薪を日々採取し、使っていた暮らしでの感覚とは大きな違いがあります。こうした状況は、日本の森の「ほったらかし」につながります。今、日本の森は、多種多様な植物がひしめき合って生育しています。これは、ある意味では喜ばしいのですが、気にかかる点があるのも事実です。

ほったらかしの森は、じつは、やっかいなことをもたらす存在でもあります。最近、よく指摘されているのが、特に管理不足の人工林における土砂災害のリスクです。森が茂りきった結果、地面への日射が大きくさえぎられ、地表近くの植生が失われることによって土壌がむき出しになり、大雨の際に土壌が侵食されやすくなるというものです(恩田、二〇〇八)。このほか、癒しの森の観点からも、いくつか憂慮すべき点があります。ほったらかしの森では、草木が茂りすぎて、見通しのきかない景観が生まれ、多くの人にとって、安心してくつろげる環境ではなくなってしまう可能性があります。さらに、こうした森では、倒木や落ち枝も頻繁に発生し、「癒し」を得る以前に、近寄ること、中に入ることが危険でさえあります。

前述したように、なかには藪が繁茂するような森で「癒し」を得るような人もいます。しかし、それはある程度、森での危険の避け方を体得しているような場合に得られる「癒し」です。日常の暮らしのなかで、森を直接的には必要としなくなっている現状では、そのような人はごくひと握りで、多くの人にとっては、リスクの低い、安心して近寄れる森林が求められるでしょう。そのような森林をこの風土のなかで求めようとすると、なんらかの人の手を入れる必要が出てきます。つまり、癒しの森はつくられる必要があるのです。

3 癒しの森のつくり方

社会があってこその癒しの森

では、どのようにしたら、癒しの森をつくっていけるのでしょうか。すぐに思いつくのは、公共的な事業として自治体などに森の整備・管理をしてもらうことです。整備・管理された森林は、災害へのリスクを軽減するだけでなく、多くの人々にとって癒しのもととなる公益性があるために、税金を投じることにはたしかに正当性があります。実際、森林環境譲与税*を財源に、自治体が森林管理を主体的に担おうとする仕組みが実現しつつあります。これは、かっちりとした制度によって定められた、「ハードな森づくり」です。

* 森林の公益的機能を増進するような森林整備などの施策に市町村や都道府県が取り組むための財源を国庫から配分する仕組みで、二〇一九年度から施行されています。二〇二四年からは、その財源として国民一人当たり年間一〇〇〇円の森林環境税が徴収されます。

しかし、私たちは、住民一人ひとりが森を身近に感じ森に主体的に関わる仕組み――「ソフトな癒しの森づくり」を提案したいと思います。それは、森林管理の財政上の負担を軽減できる可能性もありますが、なにより、そうするほうがより多くの、そして幅広い「癒し」が得られる可能性を秘めているからです。先に見たように、森が歴史を通じてその姿を変えてきたのは、人々が森の管理の仕方を変えてきたからとも言えますが、むしろ、野山の何をどう使うのかが変わってきたことが重要なのです。「森をどう使うのか」に焦点をあてることによって、癒しの森のつくり方が見えてくるのではないでしょうか。

暮らしを見つめ直す

私たちの暮らしのなかで、森がもたらす資源の重要性はかつてと比べるとぐっと減っています。日々の煮炊きに薪や炭は必要ありませんし、使う道具や容器もプラスチックや金属が幅を利かせています。しかし、「ゆり返し」が見られることも事実です。例えば、薪ストーブは近年、導入台数が増加していることが報告されており、山中湖村でも別荘利用者や移住者を中心に五パーセントほどの家屋で薪ストーブや暖炉の煙突が観察されています（齋藤ほか、二〇一七）。単純に計算すると、これらの家屋は三〇〇軒ほどにのぼります。

こうした地域に存在する森の資源への需要を、確実に地域の森林資源に結びつける仕組みをつくることこそが、癒しの森をつくることにつながると私たちは考えています。そこで、このことをより詳しく説明していきたいと思います。先ほどあげた薪ストーブの利用は、癒しの森づくりにおいて大きな牽引力を持っていると考えられるので、これを例に考えてみましょう。

薪には通常、柱や板に使うような上質な木材は使いません。木材としての質に問題があっても、それは薪としての用途にはほとんど影響をもたらしません。少し専門的な言葉を使うと、低質材であっても薪としては十分に用が足りる、ということです。枯れ木であっても、十分に使えます。癒しの森づくりを考えるとき、これが強みになります。

言いかえれば、景観を損っている木や、森の周辺の土地や通行人に危険を及ぼしそうな木は、柱や板として使えなくても、薪としては十分に使えるということです。「やっかいな木」に薪としての価値があるのであれば、それは癒しの森づくりの主要な原動力になります。

さらに、現在の薪利用で興味深いのは、生活の必要に迫られてというわけではなく、趣味や楽しみの部分が大きいということです。薪づくりは過酷な労働ではなく、楽しみとして行われており、それが高じて進んで山しごとをしたいと考える人も多いようです。となると、薪ストーブ利用者は、薪を使うということを通じて癒しの森づくりに間接的に貢献するだけでなく、その一部の人は自らが山しごと＝薪の原木採取を行うことによって、癒しの森づくりに直接的に貢献する可能性があります。しかも、その仕事自体が、その人たちにとっては楽しみ、すなわち「癒し」になるのです。

このように薪を使うことを例にして見てくると、森を使うこと自体が多くの「癒し」を生み出していることに気づきます。薪を使うことを通じて、人手の入った森は景観に優れかつ安全な森林環境として多くの人々に「癒し」をもたらすことはもちろん、その手入れそのものが「癒し」になり、さらに、薪をつくりそれを暮らしのなかで使うことが「癒し」になるのだということがわかります。

森林所有者とのつながり

しかし、こうした関係が実現するには、一つ越えなければならないハードルがあります。それは森林所有者との関係の構築です。言うまでもなく、森林に生えている木、いや、そこにあるあらゆるもの、枯れ木も石も、その土地の所有者のものです。そして、すべての森林には必ず所有者がいます。森林の所有者が薪の利用者であればことは簡単ですが、そうではありません。薪ストーブを使っている人や使いたいと思っている人は、たいがい森林を持っていないのが実情です。そうなると、森林所有者と薪を使いたい人とをつなぐ、なんらかの仕組みが必要になってきます。

いくつか考えられるその仕組みのうち、代表的なものをあげてみましょう。

①山林作業者などが不要な木材を引き取って薪に加工し、欲しい人に販売する。

②不要な木材を置いておく土場（どば）（材木を集積しておく場所のこと）を行政などが設置し、使いたい人が木材を持ち出して自分で薪をつくる。

③薪を使いたい人たちでグループを組織し、森林整備作業を請け負い、そのときに出た木材を薪に加工して分配する。

①は、地域内に山林作業を職業とする人がいる場合、あるいは薪を生産する業者がいる場合に有効です。体力の問題や、薪を置くスペースが限られている、といった理由で、薪を自分でつくるより、そのつど買って使いたいという人にはありがたいサービスです。すでに長野県の伊那（いな）地方の薪ストーブ代理店が発祥となった薪宅配サービスなど、薪を使用する際のさまざまな面倒を引き受けたうえで薪を供給する業者があります。近くに山林作業の業者があれば、相談してみるとよいかもしれません。

②は、森林は整備したけれど、木材の持って行き場がない（処理費がかかってしまう）という人や業者にとっても、薪原木を簡単に入手したいという人にとっても嬉しいサービスです。薪を自分の手でつくりたいという人が多い場合、成り立つ可能性があります。長野県軽井沢町や滋賀県東近江市など、行政が貯木場と原木や薪を融通する仕組みを整えて、すでに実現している地域があるので、「薪　貯木場」などのキーワードでインターネットで検索して調べてみてはどうでしょう。住まいのある役場に提案すれば、もしかしたら実現するかもしれません。

③は、薪を使いたい人自身が山しごとの技術を身につけ、森林所有者を見つけ出し、交渉し、信頼を得ていく必要があります。もっともハードルの高い方法ですが、ここまで話してきたように、「癒し」を最大限に引き出す方法です。山しごとの仲間もできて、横のつながりによる情報交換や交流も大きな楽しみとなるでしょう。これも、長野県伊那市で薪ストーブを使う移住者が中心とな

って立ち上げた団体など、すでに実現している例があるので、「薪の会」などとインターネットで検索すると、参考になる情報が見つかります。

今まで述べてきた「ソフトな癒しの森づくり」は、森林を持っている人がいて、木を必要としている人がいて、そしてその人たちをつなぐ仕組みがあってはじめて成り立ちます。つまり、癒しの森づくりは、社会の仕組みづくりでもあるのです。

癒しの森にフィットする技術——安全・快適・簡易

「ソフトな癒しの森づくり」で望まれるのは、山しごとで「癒し」を得られる人が、森林の整備作業に携わることです。では、その作業でより多くの「癒し」を得ようとするなら、どのようなことに注意する必要があるのでしょうか。

要点を整理すると、①山しごとの安全性と快適性の追求と、②簡易な技術の活用という二点に集約されます。

まず、安全性と快適性の追求について考えてみましょう（詳しくは第3章）。作業の安全性の確保は、山しごとから「癒し」を得るうえでの絶対的な条件です。ケガをはじめ、死亡のリスクすらある山しごとは、安全性をおろそかにすると「癒し」どころの話ではなくなります。「癒し」を重視した山しごとは、必ずしも効率を優先する必要はありません。例えば、私たちの研究所で導入してみたポータブルロープウインチ（92ページ）は、決して作業効率はよくありませんが、プロの林業従事者が使うものに比べるときわめて安全性が高いものです。ロープなので軽く、持ち運びの苦労も大きく軽減されます。

快適性を追求した例もあげてみましょう。林床をきれいにするうえで課題となるかさばる落ち枝の処理は、チッパー（木材を砕く機械）を使えばはかどるのですが、大きなエンジン音が快適性を損ないます。これに対して、私たちが導入してみた無煙炭化器（102ページ）は、そうした不快な音が出ないうえ、焚き火を楽しむという「癒し」の要素が生まれます。

次に、簡易な技術の積極的な活用についてはどうでしょう。これは、急激に高度な技術力に依存するようになってきた時代に逆行するようですが、「癒し」を得るという観点からは、立ち止まって考えてみるべき点だと思います。実際に、森林や木材を専門的に扱うプロの世界、いわば林業・林産業界では、生産性を上げて低コスト化を図ることが至上命題となっています。例えば、高性能機械を導入したり、コンピューター制御技術を駆使した木材加工を導入したりすることがさかんに行われています。

このような大規模化やハイテク化とは対照的に、簡易な技術は労働集約的でコスト高、つまり手間がかかるというデメリットがあります。しかし、これは、山しごとから「癒し」を得る視点からすると、必ずしもデメリットではありません。じつは、先ほどあげたポータブルロープウインチと

表2-1　癒しの森が目指す技術の特徴

	林業・林産業	癒しの森の管理技術
重視される価値観	生産性、高品質、安全性	簡便性、快適性、安全性
導入コスト	高い	比較的廉価
生産性	きわめて高い	あまり高くない
木材の加工度	高い	低い
管理主体	専門的な知識と技能が備わっている人に限定される	素人であっても、興味のある人が関われる

癒しの森の管理で目指す技術は、林業や林産業で目指されている技術の方向性とは対照的な点が多い

無煙炭化器は、簡易な技術に着目した結果でもあったのです。手間がかかるということは、人々が森林や森林資源にふれる機会が多いということを意味します。言いかえれば、簡易な技術を通して森林とつきあうことは、森林で作業をする楽しみ、みんなで取り組む楽しみ、薪をつくる楽しみ、火を燃やす楽しみなど、さまざまな楽しみの機会をもたらすと考えられるのです（**表2-1**）。

単に簡易さを追求するのがよいというわけではありません。例えば、ノコギリで木を伐採するのは、大きな肉体的疲労をともないます。また、より高度な技術によって、安全性が確保される場合もあります。肉体的な苦痛や危険を回避する手段があれば、より多くの人にとって森林は「癒し」を得やすい存在になり得ます。したがって、簡易な技術の癒しの森にとっての正の側面を評価しつつ、森林と関わる際の煩わしさや危険性を回避してくれる先進的な技術とのベストミックスを探る、という姿勢が癒しの森づくりには求められます。

4 癒しの森づくりが拓く未来

森に関わりたい人が、手に届きやすい技術で安全に楽しく森づくりをしていくのが、私たちの提案する「ソフトな癒しの森づくり」です。このような森づくりの仕組みが実現した場合、どのような恩恵があるのか、これまで紹介してきました。さらに、どんなことが起こりうるのか、夢を描いてみましょう。

もしこのプロジェクトが目指す社会の仕組みが実現すると、それはこれまでにはなかったものに違いありません。

まずどんなところが違うかというと、人が森に関わる動機が違います。一般的な林業モデルでは、人が森に関わる動機は、収益という経済的利益に集約されますが、癒しの森では「癒し」が得られることが第一の目的となります。もちろん、「癒し」に満ちた森が広がることによって、観光業の収入が増えるという経済的利益はありえます。しかし、経済的な利益として返ってこなくても、森に関わる個々人が身体的・心理的に満足する「癒し」を得られることを積極的に評価するようになっていくと、それは社会の価値観が大きく転換したと言えるでしょう。

また、林業において作業をするのはたいてい森林所有者自ら、あるいは森林所有者が委託した森林組合や業者に限られます。この点、癒しの森では、山しごとをしたい人が作業をすることを想定しています。森林管理は単なるコストではなく、「癒し」にもなります。これは、森林所有者や林業関係者の意向のみが森林に反映される従来の仕組みから、森に関わりたい人の意欲が重視される仕組みへの転換を意味しています。

では、こうして成り立っていく地域社会がどのようなものか想像してみましょう。

安全で快適になった森があれば、森の中を散歩する習慣が生まれ、地域住民の日々の健康づくりに一役買いそうです。もちろん、「癒し」を求めて山しごとをする人にとってはやりがいになります。森を歩いたり、山しごとをする仲間ができたりすれば、その仲間とのふれあいも大切な「癒し」になるでしょう。こうして、地域住民全体がいきいきし、心身ともに健康になっていくのではないでしょうか。

安全で快適な森は、地域住民だけでなく、外から訪れる人も恩恵にあずかれる場所になります。長く滞在し森を満喫する過ごし方を提案すれば、都会で疲れた人たちが長期滞在の拠点として訪れてくれるようになり、地域経済へのメリットも大きいかもしれません。

このように見てくると、じつは癒しの森づくりは、地域づくりでもあることがわかります。地域に暮らす人々にとっては、むしろこちらのほうが関心が高いでしょう。癒しの森づくりがもたらす恩恵、つまり森を生かした地域づくりのメリットが、地域の中で共有されれば、次を担う世代も現れて、自律的な地域づくりの仕組みが継承され、発展していくことが期待できます。

第3章　癒しの森を支える技と心得

第1章や第2章で見てきたように、癒しの森づくりは、いわゆる「林業」、つまり木材生産を目的とした森づくりとはだいぶ異なります。かつてどこの田舎にもあった身近な森の使い方と似通っていて、それでいて新しい森との関わり方でもあります。癒しの森づくりの特徴はずばり、「癒し」を求めて森に関わりたい人の誰もが関われるという点です。

癒しの森づくりでは、素人でも山しごとに関われるし、なるべくそうなることを目指しています。そんな関わり方を前提として森づくりに取り組むとき、そこで求められる技術は、必ずしも効率や経済的な利益を上げることを重視するものではありません。

私たちが重視しているのは、安全で、快適で、簡単に作業ができること、そしてその作業を楽しめることです。そのような技術は、人と森の間にある敷居を下げることになるのではないでしょうか。未利用の産物の有効利用も癒しの森づくりにとっては見逃せません。これまで使い道がないと思われていたものが、暮らしのなかに生かせるものになれば、俄然、森と関わる意欲がわいてくることでしょう。

第3章では身近な森を生かし、森がもたらす「癒し」を実感するような技と心得について、富士癒しの森研究所での体験と実例から紹介します。みなさんが森と関わる際のヒントになれば幸いです。

富士癒しの森研究所には、二名の技術職員が勤務し、演習林の現場を管理する仕事にあたっています。ここでは、私たち技術職員が実際に癒しの森を管理するうえでどんな作業をしているのか、また、その際にどんなことに気をつけているのか、経験をふまえて紹介していきたいと思います。

1 森にひそむ危険

私たちが癒しの森を管理する際に、なにより重視しているのは、安全です。もちろん、その森を歩いたり眺めたりするのが快適かということも重視しています。とは言え、森には危険がつきものですし、私たちに危害を加えるかもしれない生き物もいます。そうした危険にさらされていたら、「癒し」どころか、不安のほうが強くなるでしょう。事故が起きてしまえば痛みをこうむることにもなってしまいます。

森にひそむ危険をすべて取りのぞくことは不可能ですが、可能な限り安全性を確保することが、癒しの森づくりの大前提になります。森林環境をどのように快適に保つのかは後述することにして、まずは森にはどんな危険があるのか、その危険を避けるためにどのような対処をしているのかを紹介します。

樹木がもたらす危険

森を構成している樹木がもたらす危険としてまず思いつくのが、木が倒れてきて下敷きになることです。健全に生育している樹木がなんの前兆もなくいきなり倒れてくるということはまれです。しかし、これが枯れ木になると、前ぶれもなく倒れてきたり、折れて落ちてきたりする可能性が格段に高くなります。枯れ木はふれただけで自分のいるほうに折れて落ちてくることも十分考えられるので、枯れ木にはふれない、近寄らないのが原則です。また、見た目は健康そうでも、木を支えている材の強度が腐朽や傷などにより限界近くまで弱くなっていることがあるので、安心してはいけません。

上を見上げれば無数の枝がありますが、そのうちの一つが人めがけて落ちてくればそれだけで死傷災害になる可能性もあります。枝も幹と同様、生きていれば少々のことでは折れて落ちてきたりはしませんが、枯れ枝や腐朽している枝は落下の可能性があり、たいへん危険です。自然の森林では、よく見るとほとんどの木で、特に下のほうに枯れている枝が見つかることでしょう。

その植物、「さわるな危険」

食べられる山菜やキノコ（キノコは植物ではありませんが）とまちがえて有毒のものを食べて中毒を起こしてしまったというニュースを毎年耳にします。こうした危険は、自信を持って見分けられないものは食べないということを徹底すれば、避けられます。特別な知識は必要ないので、危険を避ける対処法としてはもっとも簡単です。

少し知識を要するのは、鋭い棘（とげ）を持つ植物です。何も意識せずに森の中へ踏みこんでしまうと、痛い思いをすることになります。鋭い棘を持つ植物は、人の背丈前後の低木やつる植物に多いので、藪（やぶ）に入る前に、棘のある植物がないか目視でよく確認すれば、この危険は避けることができます。

ほかにも、とがった枝先や落ちている枝の先端などにも気をつけないと、刺さってケガをすることがあるので、これも同様に目視でよく確認しましょう。

私たちがもっとも注意が必要だと考えているのはツタウルシです**（図3-1）**。名前のとおりつる性のウルシで、かぶれやすさではウルシのなかでも最強と言われています。私たちの研究所の森にも非常に多く生育していて、林内いたるところの立木にからみついています。なかには直径二〇センチ近い太さに成長しているものがあって驚かされます。かぶれやすさは体質によるそうですが、弱

図 3-1　ツタウルシ

a. カラマツの幹にからまっているツタウルシ。ここに見える葉のほとんどがツタウルシ。たいへんかぶれやすいので注意が必要

b. ツタウルシの葉は３枚でひとセットで、葉脈がはっきり見える

c. 若い葉は葉のふちにギザギザがある

い人はそばを通っただけでもかぶれるそうです。学生の報告によると、ふれた当日にはまったくわからず、数日後ミミズばれのように腫れだし、だんだんと火傷のような水ぶくれができて、二〜三週間その状態が続いたそうです。こうした危険を避けるには、ツタウルシとはどんな植物か識別できる知識を持ち、しかもさわらないように、または近づかないように細心の注意を払わなければなりません。

　私たちのように森で働く者は、どうしてもツタウルシを扱う場面があるのですが、その際は次の点に気をつけています。ツタウルシを伐（き）って除去する際には、ノコくずにふれるとかぶれるので、なるべくナタを使うなど、少しでもツタウルシのノコくずにふれないように気をつけます。また、燃やした際の煙にはどんなにかぶれにくい人でもかぶれるので、焚き火をするときにはまちがってもまじらないようにします。

森には多様な動物や昆虫が暮らしていて、これらによって私たちが危害をこうむることもあります。以下では比較的被害に遭遇する可能性の高いものや最近よく聞くものについて紹介しましょう。

ハチ――痛いだけならいいけれど……

富士癒しの森研究所も含めて、東京大学の演習林全体で報告されている労働災害のうちもっとも多いのが、ハチ刺されです。痛いのはもちろんですが、怖いのはアレルギー反応であるアナフィラキシーショックを起こす場合です。これは、たとえ一匹のハチに刺されても発症し、呼吸困難や意識を失うなどの症状を招き、最悪死亡にいたることもあります。私たちは日々森の中で働くため、この危険に常にさらされているので、その対策としてハチ毒アレルギー検査を受けています。この検査で高い抗体値が認められた人はエピペン（アドレナリン自己注射薬）を処方してもらい、携行しています。アレルギーのない場合も、ハチが活動する季節（標高の高い山中湖では六〜一〇月頃）には必ずポイズンリムーバー（毒吸い）を携帯しています。いずれにしろ刺されないにこしたことはないので、ハチに注意して行動するように心がけています。

私たちがもっとも注意しているのがクロスズメバチです（**図3-2**）。小型のスズメバチで、名前のとおり黒いので一見ハエのようです。私（辻）は昔は黒いミツバチのようなものだと思っていましたが、これに刺されたあとに抗体検査をしたところスズメバチ毒の抗体値が上昇したので、スズメバチだとわかったしだいです。

図3-2　クロスズメバチ
一見黒いミツバチのようだ。地中に巣をつくる

クロスズメバチは攻撃性は高くないとされています。それなのに注意が必要な理由は、彼らが地中に巣をつくるという点にあります（通称「地バチ」と呼ばれているのも、この生態に由来します）。通常のハチの巣に比べて見つけづらく、刈り払いや調査などで林内を歩きまわっているときに、気づかないうちに巣を踏んで壊してしまうことが多いのです。そうなるとさすがに総攻撃を受けます。このように、多数のハチにたかられて刺されてから巣を踏んだことに気がつくことがしばしばあります。事前に地面を観察して巣を発見し、近寄らないようにすることが基本的な対策になりますが、地面の小さな穴から出入りしている黒い小さな物体を見つけるのは容易ではありません。

マダニ――かゆいだけならいいけれど……

マダニは、布団などにいるダニ（イエダニ）とは違い、動物から吸血するダニの仲間です（**図3-3**）。近年は致死性のウイルス感染症ＳＦＴＳ（重症熱性血小板減少症候群）を媒介することがわかり、大きく報道されることがあります。しかし以前からマダニは、ライム病や日本紅斑熱などの危険な病気を媒介することが知られていました。

私たちの森では、数年前までマダニはほとんど見られませんでしたが、最近になって作業中の職員の衣服に付着しているのを見るようになりました。マダニの増加はシカやイノシシの増加と関係があると考えられるので、シカやイノシシがよく見られる地域では注意が必要です。ちなみにマダニに付着される職員は今のところ私（辻）一人だけ……。その理由はいまだにわかりません。

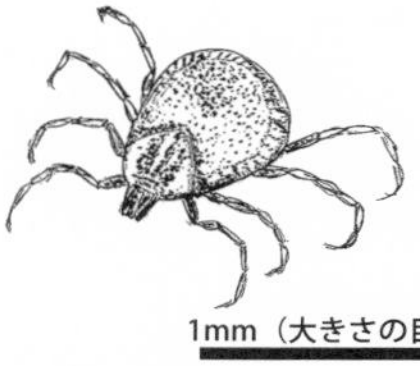

1mm（大きさの目安）

図3-3　マダニ

危険な病気を媒介する。大きさは1～2mm程度のものが多い。吸血すると丸く膨らみ5mmほどまで大きくなる

対策としては、肌を露出しないことが第一です。一般的な虫よけが有効なので使用し、こまめにつけ直すようにするとよいでしょう。また不用意に藪や草むらに入らないように心がけることも必要です。もし入ったら、早めにマダニが付着していないか確認するようにします。咬まれた場合は、なるべく早く皮膚科を受診することをおすすめします。

野生動物――意外と身近にいます

近年、山菜採りをしていてクマに襲われたというニュースを目にします。地域にもよりますが、基本的に山には野生動物がいて、そのなかにはクマやイノシシのように人に危害を加える可能性があるものがいます。もちろん私たちの森にもいます。彼らも好き好んで人間を襲いたいわけではありませんので、不用意に遭遇しないようにするのが大事です。音の出るものを携帯するなど、こちらの存在を遠くから知らせることで、不幸な出会いを回避できるでしょう。複数人で行動するのもこちらの存在を早めに知らせるために有効でしょう。

シカの増加も全国的にかなり問題になっています。シカもびっくりすると突進してくることがあるそうですが、クマやイノシシほど直接的に襲われる恐ろしさはありません。一方で、シカは、植生に及ぼす影響が非常に大きく、私たちの森でもシカの増加で林床植生が大きく様変わりしました。シカが好んで食べる植物がなくなって、シカの嫌いな植物が点在するような景観になってしまいました。近頃では、前出のツタウルシや毒のあるトリカブトなど食べられそうもないものも好んで食べているようで、今後も目が離せません。生きた葉っぱがほとんどなくなる冬には、シカは樹木の皮をはいで食べます。大木でもぐるりと皮を食べられるとやがて枯れてしまい、危険木が増えてしまうことになります。シカの増加は、間接的に森の危険性を増しているのです。

2 癒しの森のリスク管理

ここまで植物や動物に関する森の危険を紹介してきました。私たちは、森を訪れた人がケガをしたり事故に遭ったりしないように安全を追求することを第一の方針として癒しの森を管理しています。最低限の注意を守って行動すればおおむね安全（相手は自然ですので絶対安全、ということはありません）に活動できるように、森から危険要因をなるべく除去することが癒しの森づくりの基本です。森の安全を確保するための管理に定式はありませんが、私たちは試行錯誤しながらも、安全で快適な森をつくるための管理作業に取り組んでいます。

樹木の管理

森の危険を除去するためにまず必要なのは、常に森の状態を把握するために林内を巡視することです。私たちは台風や積雪などの荒天後、あるいは実習やイベントなど大規模な利用の前を中心に行っています。その際、人が近づく道およびその周辺は特に念入りにチェックします。

倒木や折れて引っかかっている枝は即座に処理して安全にしておくべきですが、悪天候後などはしばしば複数箇所でそのような状態が発生するので、その場合は危険度に応じて順番に処理することになります。また生立木（せいりゅうぼく）と違い、枯れ木はいつ倒れたり折れたりするかわからない怖さがあります。そのため、枯れ木は早めに処理するようにしています。近い将来枯れそうな木もチェックしておき、計画的に処理するようにしています。

イベントの前日など、さしあたって今日と明日だけでも落ちなければよいといった場合は、竹などの長い棒であやしい枝をゆらしてみます。それで折れないようなら、静穏な気候条件であればすぐには落ちないと判断できます。このとき、作業者は落ちてくる枝に注意が必要なのは言うまでもないことですね。

木が生きている以上、枯れ枝や枯れ木は常に発生しますから、数年単位の長期的な管理も必要になります。私たちは、高所作業車を必要とするような大がかりな作業は計画的に予算を申請して、業者に委託しています。また高いところの枝だけではなく、低木や灌木（かんぼく）の枝も手入れをしないと道がふさがれてしまいます。これらをそのままにしておくと、訪れた人の目を突いたり、低木の棘が刺さったりする恐れがあるため、道の脇は定期的に刈り払っています。

危険の見つけ方

危険な木を見つけるといっても、一見しただけではわかりにくいものが多いのが実情です。そのような場合はどうするか。正解は「もっとよく見る」ということにつきます。

樹木医の診断手法のなかに、外観による診断があります。測定機器など特別な道具を使わずに見た目で診断すること（ハンマーで叩いてみるといったことも含まれます）ですが、樹木医の資格や知識がなくても、ある程度樹木を知っている人であれば意識せずに行っていることでもあります。例えば、次のような点に注意して木を観察します。折れた大枝の跡はないか、キノコが生えていないか、キツツキの穴がないか、などです。これらの特徴があれば、その木は内部が腐朽している可能性があります。また、樹勢や樹形、枝の枯損や損傷から地上部の衰退度を読み取ることができます。このように、外観をつぶさに観察するだけでも、その木がどのような状態にあるのかを知るためのさまざまな手がかりが得られます。慣れてくれば、通りすがりにふと目にした樹木の異状に自然と気づけるようになります。ちなみに、木をよく見ることのおもしろさについてはコラム1でさらに詳しく紹介したので、興味のある方はお読みください。

道を安全に歩けるように管理するうえで注意していることも紹介します。落ちている枝や地を這うつる植物、地表に張り出した根、ぬれた倒木や苔むしたところなどは転ぶ要因になります。こうした「障害物」を見つけて除去することが、歩行の際の転倒を予防するための管理になります。平地であれば転んで痛かったですみますが、急斜面や崖の上では転落・滑落につながるので、特に注意して危険要因の除去に努める必要があります。

道の脇を定期的に刈り払っていることについてはすでに説明しましたが、この作業をする際には刈り払う高さに気をつけます。半端な高さで刈り払った笹や雑木は、小さい竹槍や木杭が上を向いて立っているような状態になって、万が一転倒した場合には、それらが無視できない危険要因となってしまいます。特に目に刺さったりしたら一大事ですので、そのような恐れのある場所では、なるべく低い位置でていねいに刈り払うように特に気をつけています。足元の安全も注意する必要があります。例えば、つまずきそうなモグラの穴などがないか、道を点検します。斜面に切り開いた道であれば、路肩が崩れていないか、その予兆がないかを確認します。

このほか、子どもの利用が想定されるときには、別の視点で危険箇所をチェックするようにしています。子どもは想定外の行動を取ったり、目の高さも大人と違ったりするため、子どもが動きまわることを想像しながら、木々や道脇の状態を点検しています。

樹木の見た目は生き様

樹木は動物と違い、生まれてから死ぬまでその場から動きません。じっと立っているのに疲れたからと、ちょっと姿勢を変えるということもありません。樹木は長い間にその樹形を変えてい

樹木は森の生態系の中でせいいっぱい生きている。「正常」と異なる部分があるなら、それは樹木が何かの「異常」にがんばって対応していることの表れ。例えば幹のふくらみは内部腐朽による強度低下を補うため、萌芽は上部の光合成の低下を補うため

きますが、それは日々の成長によるものです。つまり、目の前の木の形は、その木がその場所に根づいてから今日までどのように生きてきたのかを知ることができる記録と言えるのです。

もしその樹木が今日までなんの問題もなく成長し健全に育っていれば、成長のためのエネルギーを余計なことに使う必要はなく、生存競争に勝利すべくもっとも効率よく成長し「健全な形」になっているはずです。もしおかしな形の部分があるのであれば、そこには何か木が「健全な形」でいることができず、成長のための大事なエネルギーを割いてまで「おかしな形」にならざるを得なかった理由があると考えられます。

例えば、幹が不自然にふくらんでいる部分は、内部の材が腐朽により強度を失い、それを補うためにほかの部分の材が過大に成長する必要があった、つまり内部に大きな腐朽がある可能性が高いと判断できます。幹の下のほうから萌芽（ひこばえとも言う）が出ているのであれば、上部でたくさん光を受け光合成しているはずの葉が何かの理由でそれができず、少しでもそれを補おうとがんばって枝葉をつくっているのだと考えられます。地表に大きく根が張り出しているとすれば、土壌が固いなどの理由で土中

に十分な根を張ることができず、樹体を支えるためにせめて地表に根を張るしかない状態なのだろうと想像できます。

樹種ごとの健全な木の形や特徴などを知っていることが前提になりますが、このような見方を心がけていると、これまで気にもとめなかった木が自分に語りかけてくるような気がしてきます。もちろん樹木にひそむ危険を察知するのにも役立ちますが、それ以上に森や木々との距離がぐっと縮まることでしょう。ぜひこうした見方で樹木を眺めてみてください。

動植物のコントロール

森に生育する動植物は、一面では危険要因ではありますが、癒しの森としては観察やふれあいの対象となる大切な資源でもあります。さじ加減の難しいところですが、動植物を資源として安全に楽しく活用するといった考え方に立って私たちは管理を行っています。ここではユニークな一例として、私たちが行っているクロスズメバチ対策について紹介しましょう。

時に人を死に追いやる恐ろしいスズメバチですが、地域の生態系から見れば、植物を食べる昆虫が増えすぎるのを抑制したり、農業害虫の捕食者にもなったりする大事な一員なので、絶滅させてしまうようなことは避けたいところです。癒しの森で駆除すべきなのは、林道や歩道、建物など人が近づく場所につくられている巣に限定されます。難しいのですが、これらは頻繁な巡視によって早期に発見し、巣が小さいうちであれば実益をかねた対処法も選択できます。

クロスズメバチは長野県や岐阜県などではスガレ、ヘボなどと呼ばれ、巣にひそむ幼虫などがごちそうとして食用にされています。そのために、巣を探して掘り取る、いわばハンティングが親しまれています。私たちは、こうしたハチとり文化を森の管理に生かそうと、ハチとりをする方々に来ていただいています。

七月頃のまだ巣が大きくなっていない段階で、道付近など来訪者にとって危険な場所につくられている巣を探して採取してもらいます。そして巣を生かしたまま、専用の巣箱に移します。巣箱は目が届き、なおかつ来訪者にとって危険ではない場所に静置し、秋までそこで繁殖させます。そして、その後、幼虫をおいしい食材として利用し、実益もかねるという寸法です（**図3-4**）。

図3-4　クロスズメバチの巣

a. 巣箱から大きくなったクロスズメバチの巣を取り出したところ

b. 取り出した巣の中は、このように幼虫がぎっしり。長野県や岐阜県などではごちそうとして食用にされている

こうすることで、ただ駆除するのではなく実益も得ながらハチ刺されの危険を低減できる、すばらしい安全対策となるのではないでしょうか。ちなみにハチの巣を採取する際は、専用の防護服を着用するなど十分な装備と作業手順の確認が必要です。

3 森を快適に保つ

樹木は手入れし、危険生物の対策も行い、安全管理は完了して、さあ癒しの森の完成だ！といきたいところですが、安全ならあとはどうでもよいというものでもありません。ここからは、林内の景観を保つための管理作業について、私たちが行っていることを紹介していきます。

日本人はすっきりした林内という景観が好きな傾向にあるようです。林内を草や藪でぼうぼうにせず、さっぱりした状態で維持したい場合には刈り払いをします（**口絵7**）。鎌などで生えている草木を刈るだけで、多くの人が気持ちがよいと感じる景観を維持できます。最近は多くの場合、エンジン式の刈り払い機を用いています。

私たちは、景観管理の見本林として、三年おきに刈り払いを行う小班（一般に森林を管理するとき、植生や取り扱い方針などに応じてある程度の広さを持った森林を林班、さらにその下位の分類を小班に区分しています）、毎年行う小班、まったく行わない小班を設定しています。

当然すっきり度は、毎年行う小班がもっとも高くなります。三年おきの部分もなかなかよい景観だと思いますが、三年目の刈り払い直前になると林床を覆う草木の丈は腰あたりを超え、多少雑然とした印象になります。ただし労力はおよそ三分の一ですみます（三年伸ばした草木を刈るのは多少手間取るので厳密には三分の一ではすみませんが）。刈り払いを行わない小班はもちろん伸び放題で、低木や灌木が人の背丈を超えて密生します。こうした森は、見た目には必ずしも好ましいものではありませんが、利点もあります。それは、公道や大きな建物が近くにある場合、車の往来の騒音や人工的な景観を覆い隠してくれるという効果です。場所によっては、こうして藪を茂るままにしておく管理も有効です。なお、近年はシカが草や低木を食べてしまうので、刈り払いを行わない部分も含め、全体的にすっきり度が高まっているようです。

長年放置して茂った草木を刈り払う必要がある場合もありますが、そうなると刈り払い機ではどうにもならず、チェーンソーや伐倒器具を使用した比較的難度の高い作業が必要となってしまいます。また伐倒した材の処分も考えないといけません。

刈り払った低木類は林内に散乱させたままでも特に問題はないのですが、多すぎる場合には、雑然とした印象となりあまり心地よい空間ではなくなってしまいます。こんなとき、私たちは、なるべく一石二鳥となるような処分方法、というよりは活用方法を試してきました。その一つは、刈り払った低木で柴垣（しばがき）（186ページ）をつくるというものです。いわばエクステリア（屋外構造物）の材料として使うことで、林床の景観管理をするという方法です。ほかにも、チッパーで砕いたり、燃やしてくず炭にしたものを、歩道の敷き材として使う（145ページ）という方法もあります。第2部ではそのような活用事例を具体的に紹介しています。

また、私たちは湖畔の草原植生を維持するために乗用の芝刈り機（第6章図6-2b）を保有し、夏季に毎月一回程度の芝刈り作業を行っています。乗用の芝刈り機は作業効率がとてもよいのですが、これを使えるのはかなり平坦な地形に限られます。また、作業の前には、あらかじめ落ち枝を除去したり、避けるべき切り株の位置を確認したりする必要があります。

以上のように私たちは、さまざまな景観管理の作業を実施しています。とは言え、これが正解というものはないので、安全で快適な癒しの森とはどんな森かと問い続けながら試行錯誤しているのが実情です。おそらく地域の状況に応じてやるべきことも変わるでしょう。ここで紹介したことが、各地でアレンジする際のヒントになれば幸いです。

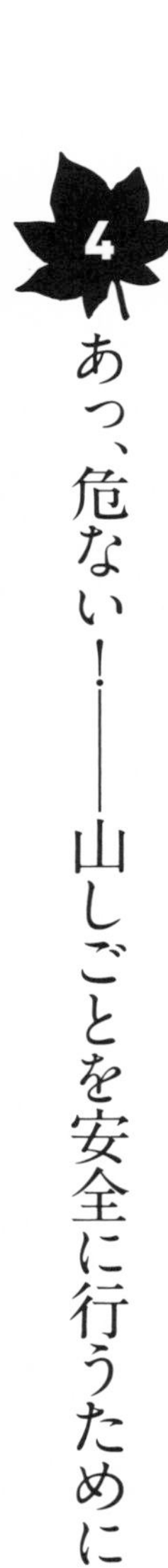

4 あっ、危ない！——山しごとを安全に行うために

ここまで、訪れる人にとって安全で快適な癒しの森を維持管理するという観点で述べてきました。癒しの森は、意欲があれば誰もがその作業に関われることを理想と考えています。そうすると、その大前提の、作業者の安全について留意しておく必要があります。癒しの森をつくり、維持する作業は、チェーンソーでの伐倒や刈り払い機による草刈りなど、一般に林業で行われる作業とあまり変わりません。じつは、林業はあらゆる業種のなかでもっとも労働災害による死亡率が高いのです。林業が生業でなくても、誰でも安全を確保しながら楽しんで作業するにはどうしたらよいのでしょうか。私たちは、特別な経験がなくても、いくつかの注意すべき点に気をつければ安全で快適に作業できる方法を検討してきました。以下では、私たちが行ってきた、作業にともなう危険を回避する方法についてお伝えしていきましょう。

身を守る装備

●ヘルメット

山しごとをするにはまず、装備を整えることが重要です。まず紹介するのはヘルメットです。私たちは、基本的には林内ではヘルメットの着用を必須としています。作業時はもちろん散策や見学のみであっても着用しています。林内で上を見上げると、必ずと言っていいほど枯れ枝や、引っかかっているだけの落ち枝があります。伐倒などの作業をしていなくても、これらがふとした拍子に落下してくることがあります。また冬季には落雪（あるいは氷の塊が落ちてくる）の恐れがあります。ふだんあまり気にはしないかもしれませんが、比較的小さな物体でも高所から頭部を直撃すれば、それだけで命に関わります。実際に枝の直撃を受けて、死亡したり脳に重篤な障害を負ったりする事故が起きています。

●服装

基本の服装は長袖、長ズボン、軍手あるいは革手袋などを着用し、肌の露出を極力避けます（**図3-5**）。これはハチ刺されや擦り傷、かぶれなどから身を守るためです。夏に暑いからといって、半袖・半ズボンのような服装で山しごとに臨むのはやめましょう。服装の色は、ハチに攻撃されにくく、マダニが付着した際には発見しやすい、明るい色のほうがよいでしょう。白っぽい色は、夏場の熱中症予防対策にも有効だと思います。

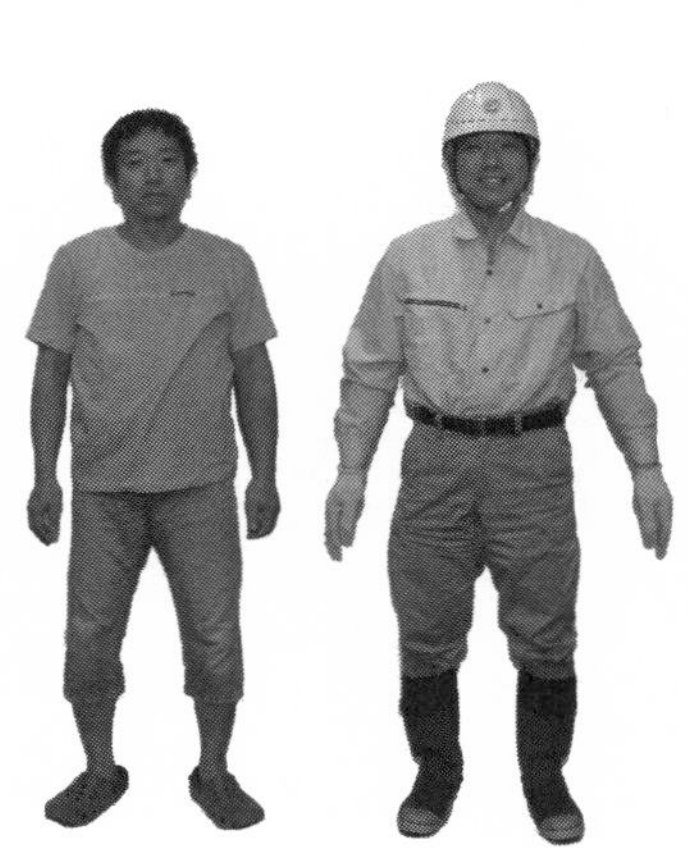

図3-5　森で活動する服装

よい服装（右）と悪い服装（左）の例。大事なのは頭部の保護と、なるべく肌の露出を避けること

●作業時の安全装備

また、作業に集中しているときは、散策中などよりもハチやマダニに気づきにくく、刺される可能性が高いので、ポイズンリムーバーやダニ取りピンセットなども用意しておくとよいでしょう。

私たちは作業内容に応じてさまざまな作業機器を用います。伐倒時にはチェーンソーとロープウインチ、刈り払い時は刈り払い機、芝刈りは乗用芝刈り機、薪材運搬などでは運搬車、薪割りには斧やエンジン式薪割り機、製材には簡易製材機、チップ化作業にはチッパーといった道具や機械をそろえています。これらのうち、林業を仕事としない人にも安全で快適に使ってもらえそうなものについて、次節で紹介します。

作業ごとに適した安全装備を身に着けることが安全作業の第一歩です。チェーンソーを使うときにはチェーンソー用防護靴、チェーンソー防護ズボン、防振手袋、イヤマフなどが、刈り払い機を使うときには防振手袋、前掛け、フェイスガードが必要になります。チェーンソー用防護靴、チェーンソー防護ズボンは刃が当たった際にアラミド繊維などの特殊な繊維がからみつき、刃を止めてくれます。また土場（どば）での丸太の玉切り（適当な長さに切断する）作業などのときには、安全靴などを着用し、丸太に足を潰される危険に対処すべきです。防振手袋は、長時間チェーンソーや刈り払い機の振動にさらされることで起こる振動障害（白蝋病（はくろう）：毛細血管の血行不良による知覚異常）を防ぐためのものです。いくつか種類があるのですが、ぶ厚いものは防振効果は高い一方で機械を扱いにくかったりするので、可能であれば実際に着用して使用感を確かめて選びたいものです。

また、チェーンソーや刈り払い機など振動する機械を使う場合には、一日あるいは一週間の使用時間の上限にも気を配る必要があります。休憩や機械を使わない作業を組み合わせるなど、余裕を持った作業計画を立てましょう。

伐倒作業

作業の安全を確保するために私たちがもっとも気を使うのは、やはり樹木の伐倒作業です。森の中では、基本的に木々はひしめき合って生えています。その中で、ある一本だけを伐り倒すというのは、とても難しいことで、それだけ作業者への危険も高まります。

安全に伐倒作業に携わるためにはさまざまな技術や知識が必要になるので、いきなり行うのではなく、段階を追ってステップアップしていくことが大事です。まず林業・木材製造業労働災害防止協会などのチェーンソー安全講習を受講する必要があります。その後は、丸太の玉切りなどでチェーンソー自体の重さや動きに慣れ、開けた場所での細めの立木の伐倒を行い、またチェーンソーの整備技術も身につけたうえで、本格的な伐倒にあたってください。それぞれの作業の際には、熟練した人に教えてもらいながら行えればなおよいでしょう。それが無理なら、今はインターネット上にさまざまな動画が存在しますので、それらを参照するのもよいかもしれません。

●慎重に状況を見きわめる

何事も段取りが肝心ですが、伐倒作業における第一の段取りは、伐倒したい木とそのまわりの状況をよく観察することです。まず伐倒したい木の幹の傾きや枝張りから木の重心を読み、さらに周囲の状況などから伐り倒す方向を見定めます。次に、伐倒作業をする際にじゃまになりそうな木をあらかじめ除去するなどして、万全の態勢で作業に臨める状況を整えます。また近くに建物や電線などがある場合は、絶対にそちらに倒してはいけないので、倒したい方向に牽引できるようにあらかじめロープウインチを設置したりします。

●伐倒作業における危険いろいろ

下準備ができたらいよいよ伐倒作業となりますが、ここで考えられるもっとも重大な危険は、伐倒する木の幹や枝の下敷きとなることです。また、倒れる際の勢いで折れた枝が跳ね上がるなどして作業者を襲うことがあります。常にこうした危険性を考慮して作業にあたる必要があります。

まず、一人では作業しないようにします。二人以上で作業することで、事前の状況把握もより確実になり、万一の際の緊急対応が可能となります。騒音があっても離れたところにいる人にも倒すタイミングや危険を知らせることができるように、ホイッスルを用意します。伐倒作業に入る前には、不測の事態が起きた場合に速やかに避難できるように逃げる方向を確認し、まわりの低木などじゃまなものは先に取りのぞいておきます。これまで、応援の人員を頼んで複数のチームで作業をしたことがありますが、そのような場合は、各チームの作業が近接しないように、樹高の二倍以上の距離をとって作業にあたることを目安としました。

ところで山中湖周辺地域のカラマツは、一見健全なようでも、心腐れにより幹の中が空洞になっ

図3-6　カラマツの心腐れの様子

a. 伐根（切り株）を真上から撮影したもの。立木を見ても異状に気がつかないが、中は空洞でストローのようになっていることがある

b. そのような木は風が吹くと簡単に折れて周囲に被害をもたらす

ているものが多々あります（**図3-6**）。そのような木を伐倒するときに、外観から決定した方向に問題なく伐倒できると判断しても、伐り始めてから突然想定とは違う方向に倒れたり、幹が途中で折れたりすることがあって、非常に危険な場合があります。伐倒作業に入る前にナタの背などで幹を叩いて、その打音で腐れの有無を判断する方法もありますが、経験が必要です。木を伐り倒す作業は、樹種や地域の特性によっても注意点が変わってくるので、技術や知識の研鑽には限りがありません。

異状がないと判断したとしても、必ずしも計画どおりにはいかないのが自然相手の仕事です。よくあるのは伐った木が隣接する樹木に引っかかってしまうことで、「かかり木」と呼ばれます。

かかり木はすぐ倒れないからといってそのまま放置しておくと、今度はいつ倒れてくるかわからないたいへん危険な状態となるので、なんとしてでも地面まで倒しておく必要があります。やむをえずその場を離れる場合は、他者が危険を認識できるように、目立つテープや掲示を設置して第三者の被災を防ぐようにします。

かかり木の処理作業は非常に危険なので、多少手間は増えますが、事前にロープウインチのような牽引器具などを用いて、確実に安全に倒せる方向に倒す段取りをしておくことが望ましいです。

首尾よくうまい具合に倒せたと思っても油断は禁物です。倒れた木の幹や枝には外見からはわからない大きな力がかかっている場合があります。うかつに手を出したりすると、いや手を出さなかったとしても、突然すごい勢いで折れたり、しなった枝や幹がはずれて鞭のようになるという事態が起こりえます。これだけでも人間にとっては命にかかわるので、決して無理や横着はせず、安全な部分から順番に枝などを切断して危険要因を一つずつ減らしていくことが肝要です。

幸いなことに、私たちの周辺で伐倒作業により命を落としたり、再起不能なほどの大ケガをしたという話は聞きません。教育機関である大学施設なので、効率以上に安全に配慮して作業を行っている賜物かと思いますが、それでもまったく無事故というわけではありません。思いがけずすぐ近くに木が倒れたなどヒヤリとする話はよく聞きます。

また、私（辻）も、伐倒する木の重心を読みまちがえ、想定した伐倒方向とは逆の自分のほうに木が倒れてきて、あわてて避難したこともあります。とっさにチェーンソーを置いて避難したときには、木がチェーンソーの上に倒れ、チェーンソーが（ちょっと）壊れたことがありました。命には代えられないので、刃の回転が完全に止まっていないままのチェーンソーを置いて避難したこと自体は適切だったと思いますが、とっさとはいえ置く場所をもう少し考えるべきだったと反省しました。

このように、さまざまな起こりうる危険を常に考慮に入れ、もしこうなったらこうやって行動しようと想定して作業する必要があります。作業経験を積むにつれ、想定されうる事態についてのバリエーションが増え、さらにその対処法についてもより具体的に検討できるようになってくることでしょう。

以上、伐倒作業の主要な危険について紹介しましたが、とても語りつくせるものではありません。それはやはり自然相手の仕事なので、時と場合によって危険性が異なるためです。木の前に立って、もし自分がこの木を伐倒するとしたら、どのような危険に遭遇する恐れがあるかをその場で考えるほかないのです。常に観察力と想像力を駆使して安全作業を目指しつつ、改めるべきは改めるということを繰り返し、少しずつでも安全性を高めていく意識が大切です。

ちなみに、怖いことばかり書いてきましたが、ねらいどおりに倒せた場合の達成感と爽快感は筆舌につくしがたいものがあります。気をつけながら経験を積み、上達していけばそのような楽しみも味わえることでしょう。

東屋（あずまや）——道ぞいの危険木を有効利用

山中湖畔に面した広場にある東屋は、壁面に丸太の断面がずらりと並んでいるのが特徴です（**口絵6**）。この壁面の丸太は固定されていません。片面を支える太い丸太（側面を平行に切り落とした「太鼓挽き」にしてあります）を積んだ四つの柱は、土台から屋根にかけて太いボルトを通して固定してありますが、壁面はただ丸太を積んだだけです。

この東屋は、薪棚としての機能を持たせるためにこのようなデザインになっています。壁面は丸太模様の外装材であると同時に、いつでも使える薪（の原木）の蓄えというわけです。この細い丸太を積むときは、学生に協力してもらったのですが、「次は太いの、その次は細いの」といった声が飛び、学生たちはパズル感覚で楽しんでいました。

私たちは、日常的な管理として、道ぞいの危険木の処理を行っています。こうして伐採される木は毎年かなりの量になりますが、危険木は中が腐っていたり、枯れかけていたりなど、柱や板の用途ではとても使えない、いわば「薪にしか使えない」木材なのです（51ページ）。このような木材を有効利用しようと考えたのが、この東屋です。

積み上げた丸太の断面をよく見ると、中心がボソボソしているものや変色している部分などがあります。これは、木材が菌類によって侵食されていることによるものなのですが、東屋の壁面としても、薪として使うにもなんら問題はありません。

丸太を壁面として積んでおくことは、薪として使ううえでよい点があります。伐採したばかりの木は、木材の繊維が粘るなどして割るのに苦労することが多いのですが、いったん放置して乾燥させると、割りやすくなるのです。

また、万が一、自然災害などによってライフラインが途絶えたときは、この東屋に来れば乾燥した丸太があるので、割るだけですぐに暖をとったり、調理用の燃料を得たりできます。一度、ここを舞台に「楽しい防災訓練」ができないかなあ、と考えています。

壁面としての役目を果たした丸太は、学生実習などでの薪割り体験プログラムに活用し（152ページ）、最終的には私たちの事務所の暖房用燃料などとして活用します。そして、毎年、危険木の処理で十分な丸太が補充されます。

この東屋を見ていただければ、なんの利用価値もなさそうな危険木が、考え方しだいで大いに活用しうるものになるということを感じ取っていただけると思います。

刈り払い作業

景観を維持するために必要な刈り払いは、伐倒作業に比べると格段に軽度な作業ですが、そこにも危険は存在します。まずは刈り払い機の刃による受傷を想像するかと思いますが、じつは装備やベルトをちゃんとしていれば、自分の機械の刃で自分を切るという事態は起こりにくくなっています。むしろそばで作業しているほかの作業者を切ってしまうという事故のほうが起こりやすいのです。お互いにコミュニケーションをとって、近接作業を避けることが重要です。

次にあるのが、回転する刃で石や木片を弾き飛ばしてしまい、自分やほかの作業者、付近を通行している人や車に当ててしまうという事故です。もちろんその危険性を認識し注意して作業にあたるのですが、草を刈るところは当然ながら草が生い茂っているので、草に埋もれて事前に気がつかないことも多いのです。万全を期すのであれば、一度少し高めの位置で刈り、ある程度地面が見える状態にしてから、目的の高さでもう一度刈るという手があります。この危険を一〇〇パーセント取りのぞくのは難しいので、これを避ける意味でもやはり近接作業は避けるべきです。打撲や骨折など重症になる場合もけっこう多いようです。万一、目に当たったりすると失明の恐れがあるので、ゴーグルなどで目だけでも確実にガードして作業にあたりたいものです。

また公道ぞいでの作業では、飛散防止の板を持った作業者を一人配置するなど、細心の注意が必要になります。人命も大事ですが、車（他人の財産）に傷をつけることも避けたいものです。

夏季は熱中症の恐れもあり、ハチも活発に活動するため、ほかにもいろいろ注意しなければならないことがあります。管理の目的によりますが、樹木の侵入を抑えたいだけであれば、むしろ秋や冬に刈り払いを行うという選択肢もあります。

高所作業

木を伐り倒す際にロープウインチのロープを木に取りつけたり、枝打ちを行う際などは、はしごに登っての高所作業となります。私たちは地上二メートル以上の場所で作業を行う場合には、安全ベルトを装着して転落を防止するなどの対策をしています。高所作業も二人以上で行います。安全ベルトで転落を免れても、宙吊りになってしまった場合は一人ではどうにもなりません。

また車両が入れる道ぞいで落下の恐れのある高い枝を切るには、労働技能講習協会などが主催する高所作業車の取り扱いに関する技能講習の受講などが必要になりますが、高所作業車をレンタルして行うのも一つの手です。高さによりますが、一日数万円程度で借りられます。高所恐怖症の方には厳しいですが、見慣れた森も高い位置から見るとまったく違って見えて、新鮮な楽しさもあります。

応用編として、ツリークライミングの技術と装備を用いて、木登りをして行う高度な高所作業技術があります。私たち自身は習得していませんが、ほかの東大演習林にはこの技術を身につけている技術職員もいます。興味があれば楽しいし、作業範囲が格段に広がります。また、同じ作業をするにしてもさらに安全かつ確実な方法で行うことも可能になるでしょう。

ちなみに私たちは最近、ツリークライミングで最初に木にロープをかける際に枝に投げて使用するスローラインというひもと、それを木の枝まで投げ飛ばすための巨大なパチンコ（スーパーショット）を導入しました。これらを用いることで木の高いところにロープをかけることができ、より確実にねらった方向に牽引できたり、高所の枯れ枝をロープで引っ張り落とすことができるようになり、作業の幅が広がりました。ほかにもアイデアしだいで高所作業などに生かせる道具がありそうです。

以上、森林整備作業のなかの危険について、重大なもの、遭遇頻度の高いものなどを中心に紹介しました。森林を安全・快適に管理するというのがどういうことか、イメージが伝われば幸いです。

5 森づくりの便利な道具

癒しの森づくりでは、山しごとになじみのない人でも、簡単で安全・快適に作業を行い、身近にある木材など森の素材を捨てずに有効活用することがポイントです。私たちはそのような意図からさまざまな活動や新しい道具の試行を行ってきました。一般に林業では作業の効率性が重視されますが、私たちは作業によって得られる楽しみも重視して、道具の導入や技術の検討を行ってきました。この節では、プロでなくても身近な木材を生かせる技術とアイデアを紹介していきましょう。

ポータブルロープウインチ——力がなくても重いものを動かせます！

ポータブルロープウインチはその名のとおり、持ち運びができる巻き上げ機のことです（図3-7）。木を伐る際に、倒したい方向に引っ張ったり、倒した木を林道まで引き出したりする作業に使います。プロの牽引作業で用いられる金属ワイヤーではなく、繊維ロープを使用することが最大の特徴です。金属ワイヤーはとても重くてかさばりますが、繊維ロープなら一〇〇メートルの長さがリュックサック状の袋に入り、軽々と運ぶことができます。なんと言っても、その長所は安全性です。ワイヤーは切断したときに跳ねて作業者に当たる可能性がありたいへん危険ですが、繊維ロープなら切断しても跳ねることなく落下します。このロープは直径一三ミリですが、一〇〇〇キログラムの荷物を牽引することができます（仕様では、およそ三〇〇〇キログラムの力で切れる危険があるそうです）。専用の滑車や接続金具を使えば、牽引力を倍にしたり、牽引距離を延長したりすることもできます。こうしたさまざまな応用技術も駆使すれば、足場の悪い森林でも、安全で効率的な作業ができそうです。

また、繊維ロープを巻くウインチ本体も軽いのが魅力です。軽いとはいっても一五キログラムほどありますが、一人で背負って持ち運べます。

●使用方法

基本的な使用方法はとても簡単です。まず、荷重に耐えられる立木を選びます。選んだ木に台づけロープを巻きつけ、ロープウインチ本体に接続し、本体を固定します。エンジンを始動すると牽引用のドラムがゆっくり回転します。あとの操作はアクセルレバーとロープの扱いのみです。操作者は回転するドラムに繊維ロ

図3-7　ポータブルロープウインチ
ロープを機械に巻きつけて軽く引っ張るだけで牽引できる

ープを巻きつけ、ロープを引いたり緩めたりすることで、「引く」「止める」の操作を行います。ロープを緩めた状態では回転ドラムが空まわりするだけですが、少し引っ張ると摩擦力が働いて回転ドラムの力でロープがたぐられます。緊急時には操作者がロープを緩めるだけで作業を止めることができます。操作ミスを起こしにくい、安全性の高い構造のため、操作者と補助者の二名で作業が可能です。ロープウインチを使用すれば労働災害のリスクを減らせます。また、重量物の運搬という力仕事の負担が軽減できますので、女性や高齢者でも木材の牽引作業ができます。

●安全・楽しみ

機械の取り扱いは簡単で基本的にはすぐ使えるようになりますが、追加で取りつけられる多様なロープ用の器具を使用すれば作業効率が向上し、さまざまな用途に使えるのがロープウインチの特徴で、その試行錯誤と工夫が楽しみにもなります。

例えば、木材の搬出時に地面の凹凸に引っかからないように木材の先端を覆うそりの役割をするカバーを取りつけます（図3-8）が、それでも地表の障害物によって搬出作業の効率は低下してし

図3-8　ロープウインチを使った木材の搬出作業

丸太をロープで引く際、丸太の先端にそりの役割をするカバーを取りつけることで、丸太が地面の障害物に引っかかりにくくなる

まいます。そこで長距離の牽引をするときには、中間地点にある木の少し高いところに滑車を設置して木材の先を少し上に持ち上げるようにして牽引すれば、接地面積が減って摩擦が減り、障害物をよけやすくなります。このとき設置する滑車はロープの取りはずしが簡単なタイプのものにするのがポイントで、中間地点を通過するときには、ひょいとロープを持ち上げて滑車からはずすだけで次の牽引作業に移ることができ、とても効率的になります。

購入時は木材の伐倒と搬出作業のみに使う道具と考えていましたが、木材以外の重量物も一定の速度で牽引することができ、いろいろな作業に応用できることがわかってきました。今では樹木の伐倒や搬出作業のほかに、重量物の持ち上げや機材の移動などにも使っています。ロープのセッティングとロープ用の器具の取りつけなど多少の手間はかかりますが、ロープのセッティングを工夫して移動させたい方向にいかに安全に効率よく牽引するかを考えるのも楽しみの一つです。こうなると、逆に障害物があることが楽しみになってきます。障害物をうまく避けながら、どのような動線を計画し、どんなふうにロープを取りまわして、どこに滑車をつければ安全で効率がよいか考えるのは、まるでパズルゲームのようです。森林管理作業を計画するときは、ロープウインチが作業に使えないかと最初に考えるようになり、今では研究所になくてはならない道具です。

簡易製材機「アラスカン」——木を伐ったその場で製材ができます！

丸太から板や柱を挽くには、ふつう据えつけの大がかりな機械を使うので、そうした機械を備えた製材工場で加工されます。その場合、搬出した木材を車に乗せ、工場に下ろす作業が必要になり、プロでない人が取り組むには壁になりそうだと私たちは考えていました。

その点、簡易製材機は、丸太のある現場の近くで板を挽くことができるので、この問題を解決してくれそうだと考え導入することにしました。いくつか種類はありますが、ここではもっとも簡易な、伐採に使われる通常のチェーンソーの刃の部分（ガイドバー）に取りつけるアタッチメントタイプの簡易製材機アラスカン**（図3-9）**を紹介します。チェーンソーに取りつけたアタッチメントを丸太の表面にあてがい、チェーンソーで切り進めることによって、丸太の上面と平行に挽けるようになっています。熟練者でなくても丸太から板や角材を挽き出すことができます。

コンパクトなので、林内の伐採現場に持って行け、その場で目的とする材の形状に近い形にまで製材できます。そうして軽くしてから運び出せるので搬出作業がとても楽になり、そのため、従来現地に捨ておかれていたような木材にも活用の道が開けます。

●使用方法

アラスカンは一人で運搬できる大きさで、一人で製材することも可能ですが、二人いれば作業が楽です。チェーンソーのガイドバーをはさんで締めつけるようにアラスカンを取りつけ、切り出したい材の厚みに合わせて幅を調整します。

正確なサイズの板などをつくりたい場合は、丸太の表面の凸凹や、丸太の末口と元口（末口が樹木の梢側の切り口で、元口が根元側の切り口）で太さが違うことなどを考慮して、丸太の上に市販の角材など曲がらないまっすぐなものを芯と平行になるように置きアタッチメントをあてがいます。あとはチェーンソーで切り進んでいくだけです。

●安全・楽しみ

チェーンソーを使う必要がありますが、刃の動きが制限されているので、通常の伐倒作業などでのチェーンソーの扱いに比べれば安全です。ただし大型チェーンソーなので音は大きいです。例えば、二メートルの長さを切る場合、一分未満で終わることはほぼなく、至近距離で数分間、爆音にさらされることになるので、耳を守るためのイヤマフや耳栓は必須です。

操作のコツは、挽き始めにあります。アタッチメント全体が

図3-9　アラスカンでの製材作業

丸太の表面（またはその上に設置した角材など）に平行にチェーンソーを動かすことで、丸太を搬出することなく、現場で板や角材を製材できる

材の上にのるまでは不安定な状態なので、チェーンソーをしっかり保持していないと切断面が斜めになってしまいます。重いので大変ですが二人で協力してがんばります。材が堅くて刃の進みが悪いときは、左右交互にシーソーのように切り進めると、一度に刃に接する部分が少なくなるので切りやすくなります。

　この作業の醍醐味はなんといっても、「ご開帳」にあります。切り終えたあとチェーンソーを置き、二人で切り口に手を入れ、せーので切り口をあらわにします。このとき、どんな木目が出てくるのかワクワクします。すーっと通った木目も美しいし、ぐねぐねした根元や瘤の木目も味わい深いものがあります。曲がった幹も曲がったなりに板に挽くことができるので、「世界に一つしかない」ベンチやテーブル用の板を手に入れることもできます。

column 3

台風被害木を生かすアイデア——パネル式看板再生プロジェクト

　ふつうなら捨てられてしまうような森の素材を利用するアイデアを紹介しましょう。アイデアとちょっとした手作りの手間を惜しまないことで、生活のなかに森の素材を取り入れることができるはずです。板のままでも、手をかけてていねいに仕上げれば、料理を盛りつけるおしゃれな

完成したパネル式看板

お皿になったり、お気に入りのアクセサリーを飾るディスプレイなどにも活用できるでしょう。

ここでは研究所の看板をつくった例を紹介します。

二〇一一年に研究所の名前を変更したので、敷地内四カ所にある看板をリニューアルしました。ちょうど台風で倒れたカラマツが数本あり、これを有効に活用することにしました。風で倒れた木は幹が裂けたり折れたりしているため、長い板として使うのには向きません。そこで、地元の業者に依頼して厚さ三センチ、二〇センチ四方の小さな板（以後、パネル）に加工してもらい、五五枚のパネルを旧看板の表面に並べて張りつけることにしました（写真上）。研究所名を示す文字を刻んだ「文字パネル」だけでは少し寂しいので、絵を描いた「絵パネル」もつくって配置することにしたのですが、「絵パネル」は主に東大の教職員に参加を呼びかけて、描いてもらうことにしました。これには東大の教職員に研究所の名称変更や研究テーマについて知ってもらいたいという意図もありました。

「文字パネル」は遠くから見ても文字が際立つように、トリマーという電動工具でパネル一枚にひと文字を大きく彫ることにしました（次ページ写真）。トリマーは取り扱いは簡単ですが、高速で回転する鋭利な刃で木材を削るので、飛び散る木くずから顔を保護するために、

トリマーで文字彫り作業。機械に巻きこまれないようにするために作業中は手袋は使用しない

作業時は防塵メガネ、マスクを装備します。

トリマーの取り扱い時のコツは、電源を入れて回転が落ち着いてからゆっくりとビット（刃先）を押しあてること、機械に負担をかけない速度でトリマーをゆっくり動かすこと、ビットの回転方向に合わせて左まわりに削っていくこと、などがあげられます。はじめて行う作業だったので思うように進まず、試行錯誤の連続でした。トリマーを移動させる速度の加減がわかるようになるまでは、削った箇所がささくれたり、摩擦熱で変色してしまうこともありました。下書きにそってフリーハンドで削るのですが、手ブレなどでミスをすれば一からつくり直しになるので一発勝負の覚悟で集中して彫ります。まず、下書きした文字の中心に刃をゆっくり当てて中心から縁に向けて少しずつ、慎重に彫り進めます。トリマーは周囲に大量の木くずを飛ばしますが、木くずが顔にかかっても一連の作業が終わるまでは我慢します。最後に文字全体のバランスを見ながらトリマーで修正し、トリマーで削れない細かい箇所はミニルーターという歯科医が歯を削る道具のような手持ちの電動工具を使って削り、仕上げにヤスリがけを行います。トリマーもミニルーターもホームセンターで入手できます。

なかでも大変だったのは「癒」でした。「癒」は画数が多く、線と線の隙間も狭く、その箇所が欠けやすくて苦労しました。下書きどおりに彫れず、何度も彫り直すことになりました。文字の意味は「いやし」でも、彫る作業は大変でした。それでもどうにか仕上げ、細かい部分もキリッと角が立って彫りこまれた文字を見ると、充実感があり、何度も出来を見返したり、角をなでたりしてしまいます。次の文字は、もっとうまく仕上げてやろうという気持ちもわいてきます。

文字を際立たせるために、彫った部分をアクリル絵の具で白く塗り、十分に乾燥させたあと、ニス塗りをしました。看板は野外で雨ざらしになるので、耐久性の高い二液混合型のウレタンニスを使用します。すべてのパネルに色ムラが出ないように薄く塗るのがコツで、いったん乾かしてからまた塗る「重ね塗り」をします。また防腐対策のため、前面だけではなく裏面や側面などすべての面にニスを塗りました。すべての面を重ね塗りするので、まずは前面と側面を、乾燥したら後面をなどと塗装と乾燥の手順を工夫しながら進めていきます。時間はかかりますが、このように段取りを組み立てながら作業をするのは、頭の体操のようでもあります。

ウレタンニスは刺激臭があるので作業中はマスクを着用し、作業場の換気に注意して行います。同時に、塗装したパネルにホコリなどがつかないように気をつけます。また、乾燥中に湿度が高いとニスが白濁してしまうことがあるので、塗装は梅雨の時期を避け、晴れて風のない日を選んで行いました。変色してしまった場合は、乾燥後にヤスリで削り、再度塗り直す必要があります。

看板再成プロジェクト開始から約一年後の二〇一二年七月に事務所の入り口にある看板をリニューアルしました。「絵パネル」作成に参加してくださった方とその家族をお誘いしてお披露目会を行いました。

完成した看板は風景に溶けこみつつも、「絵パネル」の彩りがにぎやかで、富士癒しの森研究所の研究テーマをアピールする看板としてふさわしいものになったと思います。

パネル式看板の取り組みは、山梨県が美しい県土づくりを推進するために開催している「美しい県土づくり推進大会（第四回　平成二十六年度）」で奨励賞を受賞しました。

無煙炭化器——じゃまになる枝・灌木をかたづける①

快適な森づくりのためには、森林を整備する際に必ず大量に出てくる枝や灌木類の処理が重要な課題です。不要な枝や灌木類は、基本的には野積みで対処してきたのですが、大量に出てしまうと林内に残る枝や灌木類が目ざわりとなり、癒しの森としては望ましくない景観になってしまう可能性もあります。ここでは灌木類を適切に処理し、有効活用するための道具を紹介します。まずは無煙炭化器です。

無煙炭化器は、上端と下端の径が異なる輪っか状のステンレス製の装置です（図3-10）。これを使うとほとんど煙を出さずに勢いよく枝や灌木を燃やすことができ、燃えた木は細かく砕けた炭（熾火）となって底にたまります。こうすることで、かさばる枝のかさを効率よく減らすことができます。メーカーによると、無煙炭化器の特徴的な形状によって空気の対流と熱の反射が起こり、高温で燃焼するため煙が出にくいそうです。私たちは小（直径五〇センチ、重量一一・八キロ）、中（直径一〇〇センチ、重量七・二キロ）、大（直径一五〇センチ、重量一六・六キロ）の三サイズを使用していますが、いずれも一人で運搬することができます。

●使用方法

まず、無煙炭化器を平らな場所に設置し、土などを寄せて炭化器の下に隙間ができないようにします。隙

図3-10　無煙炭化器を使って枝と灌木を処理する
高温になるので炎に注意しながら作業する

間があると燃焼中に下から空気が入り「無煙」の効果が落ちるので、設置には柔らかい地面を選びます。また、炎が勢いよく上がるので、上に枝などの燃えるものがない場所を選びます。設置後はふつうの焚き火と同じように無煙炭化器に灌木や枝を投入して着火し、燃やします。

一度に処理できる量は無煙炭化器の大きさによって変わります。中サイズの炭化器を使って灌木の処理実験を行ったところ、約九〇分間、灌木を投入し続けると、無煙炭化器が炭でいっぱいになり、それ以上は処理ができなくなりました。このとき投入した灌木は四・六立方メートル（かさばった状態で、隙間も含めて測った体積）で、一回の焚き火（約九〇分）で約〇・一立方メートルの粉炭（くず炭）にすることができました。もっと多くの灌木を処理したい場合は、より大型の無煙炭化器を使うといいでしょう。

燃やし始めは「無煙」とは言ってもふつうの焚き火と同じように煙が出ます。しばらく燃やして高温になると煙が出なくなるので、できるだけ早く温度が上がるように細いものをこまめに投入するのが肝心です。生木や湿った枝では煙が出てしまうので、はじめは十分に乾燥したものから燃やしましょう。また、燃焼中に火力が弱くなると煙が出るので、火の状態を見ながら少し忙しいくらいに灌木などを投入します。燃えた枝や灌木が炭化し始めると炭化器の内部に熾火がたまることでさらに高温になり、勢いよく燃え始めると煙はほとんど出なくなります。その後は火の勢いを落とさないように枝や灌木を投入していき、炭化器が炭でいっぱいになるまで続けます。

長い枝が炭化器の外にはみ出てしまうと、炭化器の無煙の効果が得られないので、あらかじめ炭化器に入る長さにしておくと効率よく燃やせます。

炭化器が炭でいっぱいになったら、砂をかけるか別売りの蓋をかぶせて消火します。こうしてできた炭は、通常の炭と違い砕けたような形状（くず炭）で、主に土壌改良などに利用できます。

●安全・楽しみ

火の取り扱いには注意が必要ですが、焚き火として火そのものや、焚き火料理を楽しむことができます。実習などでは学生に無煙炭化器を使って灌木のかたづけを体験してもらい、できた熾火で料理をつくって味わいます（161ページ）。実習、研修、公開講座やレクリエーションなど野外活動に焚き火の要素を取り入れるには欠かせない道具です。また、夜、これを使うと、拾い集めた枝だけで、盛大なキャンプファイアになります（口絵3）。事前に燃やす場所をきちんと設定しておけば、燃えた木が崩れ落ちることもなく、安全に楽しむことができます。頻繁に木をくべるのもお楽しみの要素で、火を囲む人たちの間で自然と会話が弾みます。

木材チッパー──じゃまになる枝・灌木をかたづける②

もう一つ、枝や灌木類をその場で簡単に処理できる便利な道具を紹介します。

移動式の木材チッパーは、処理したい枝や灌木類を発生した場所で砕いてチップにし、減量化できます。無煙炭化器で枝などを処理する場合は、焚き火ができる広い場所が必要で、そこまで灌木類を移動させる必要がありますが、木材チッパーを使えば効率よく林内で処理できます。またチップは、地面に撒けば雑草除けなどのマルチング材にもなります。

私たちが使っているのは破砕式の小型チッパーです。自走式ではないのでトラクターなどに取りつけて牽引するか、人力で移動させる必要がありますが、平らな林地であれば枝や灌木のある場所まで持って行けます。処理できる材の最大径は五センチほどで、内部にあるハンマーの打撃により細かく砕かれます。刃物を使って一センチ程度の四角いチップができる切削チッパーと違い、ハンマー型のチッパーでは大きさは同等で、細長いピン状の木片ができます。

●使用方法

エンジンの始動後、アクセルレバーを適切に調整し、ドラム回転のレバーを入れれば内部のドラムが回転して投入した木材を破砕します。一度にたくさん投入すると機械に負担がかかり故障の原因になるので、太い枝を処理するときは一本ずつ投入します。投入する枝の形状によっては投入口からはみ出た枝の端が暴れたり、粉砕された破片が投入口から飛び出す危険があるので、作業する人は投入口の正面に立たずに脇に立ちます。できたチップを別の場所に持って行って利用したい場合は、排出口の下にブルーシートなどを敷いて集めます（図3-11）。

●安全・楽しみ

作業する人はヘルメット、手袋、保護メガネのほかに、騒音から耳を守るための耳栓や、ホコリや塵が立つのでマスクの着用も必要です。チッパーを使用する際は、騒音や粉砕木の散乱などから周囲の安全を確保する必要があるので、林内の平坦で広い場所で作業を行います。作業中は破砕した木材がチッパーから勢いよく飛び出して当たる危険性があるので、排出口から半径一〇メートルの範囲には、作業者以外は近づかないようにします。

木材チッパーの処理の速さは投入する木材の種類によって異なり、堅い木ほど処理するのに時間がかかります。枯れ具合や樹種によって堅さはさまざまなので確かめながら、堅い木材は一度に入れず、様子を見ながら少しずつ投入したほうが効率よく処理できる場合があります。また一度に大量に投入すると、灌木の中に石などの異物がまぎれこむ恐れがあり、故障の原因になるので、異物の混入がないように注意します。処理する灌木は事前に投入口付近に集めておくと、効率よく処理できるうえ、余裕を持って投入することができるので、安全性の向上にもなります。

木材チッパーを使う作業は危険をともないますが、現地で枝

図3-11　チッパーを使った枝の破砕処理

ブルーシートを敷いて破砕されたチップを回収しやすいようにしている

や灌木をかたづけることができるので、林内が少しずつきれいになってくるのを実感でき、作業が終わったあとは充実感や達成感があります。大変な作業ではありますが、やりがいのある仕事です。

薪割り道具いろいろ

癒しの森づくりにおいても、森の資源の有効活用においても、薪の利用はとても重要なので、私たちはさまざまな薪割り道具をそろえています。それぞれ、割り心地や扱いやすさ、安全性が異なるので、体力や熟練度、好みに合わせて自分に適した道具を選ぶことが大切です（口絵8〜14）。

●手斧

斧はもっとも原始的かつシンプルな薪割り道具で、その分、薪割りの醍醐味を味わわせてくれます。ただ、刃物をふり下ろすので、事故を招かないような扱い方をよく理解する必要があります。

和斧（口絵8左）は、日本ではもっとも手に入りやすく、値段も手頃で、ホームセンターなどでも簡単に入手できます。刃の重さも一般的な体格の日本人にちょうどよいものを中心に品揃えされており、扱いやすいと定評があります。刃先の角度がやや大きいので、刃が原木に食いこんで抜けなくなってしまうことが少ない点でも扱いやすく、テンポよくスパンスパンと薪割り作業ができるのが魅力です。

慣れないうちは、刃の付け根の柄を原木にぶつけてしまうことがよくあります。その部分がえぐれて（第4章図4-6）、柄が折れて先が飛んでしまうと、たいへん危険です。柄はもともと消耗品で、定期的に交換するものなのですが、こうした危険を防ぐために、刃の付け根に金属板のカバーがついている斧もあります。

洋斧（口絵8右）は、一般的に和斧よりも刃先が重くなっています。少し値段は張りますが、重厚なつくりとデザインに惚れこむ人も多いようです。重い分、力のある人にとっては太い丸太を割りやすい斧として好まれますが、力のない人にとってはかなり扱いにくいようです。また、私たちが使っている洋斧は刃先が薄くて刃が原木に食いこみやすく、木目がねじれていることの多いカラマツなどを割る際には刃が食いこんでしまい、取りはずすのに苦労することがあります。広葉樹やスギ、ヒノキなど割りやすい木材を割るときに使うのがよさそうです。取り扱いに注意を要するのは和斧と同様です。

ヘイキ・ヴィポキルヴェス（口絵9）はフィンランド生まれの特殊な斧です。刃の部分が左右非対称になっていて、これが原木に打ちつけられ刃先が原木にある程度食いこむと、重心のあるほうへ倒れこもうとする力が働きます。この斧をふつうの斧のように扱うと、刃が原木に当たった瞬間、手首がねじられるような感覚を覚えます。そのとき、あえて斧の刃が倒れるのにまかせるように握りを緩くするのがこの斧を扱うコツです。そうすれば、食いこんだ刃が勢いよく横に倒れることで、薪となる木片を脇に勢いよく割り飛ばそうとします。この仕組みにより、より小さな力で楽に割れると言われていますが、この斧の扱いにはもっとも熟練が必要です。熟練するまでの道のりが人によっては楽しかったりするかもしれません。なお、一般的な斧の取り扱いの注意事項に加え、薪が横に勢いよく飛ぶ可能性も考慮して作業にあたる必要があります。

●おもり式の薪割り機

刃物をふり下ろす手斧に比べて安全性が高いのが、おもりで刃を原木に打ちこむ形式の薪割り道具です。ねらったところに刃先を当てるのも容易です。

パワースプリッター（口絵10）は、アメリカ発祥の簡易な薪割り機です。原木の割りたい箇所に刃先を当て、刃に付属するガイドバーに通されたおもりを何度か落下させることで、刃が原木に深く食いこみ、少ない力でも、やがて割りきることができます。しかし、ガイドバーは日本人の体格からするとやや長すぎ、全体に重たいので、刃先が原木に食いこみ安定するまでは、扱いに苦労します。

スマートスプリッター（口絵11）は、スウェーデン発祥のおもり式薪割り機です。パワースプリッターに比べるとつくりが複雑で、固定軸を適当な薪割り台に設置してから使う必要がありますが、一度設置してしまえば本体が安定するので、きわめて扱いやすいです。刃先を原木に当てたら、パワースプリッターと同じ要領で、割れるまでおもりの落下を繰り返すだけです。コントロールを定めるという薪割りの難しさを解消する一方で、楽しみが半減するという懸念もありますが、ちゃんとパカンと割れる気持ちよさを感じられるので、「斧はちょっと……」という人に人気です。枝の痕があったり根元でへんな形をしていたりしない、木目が真っ直ぐで割りやすい丸太であれば直径二〇センチ程度のものでも割ることができますが、本体が安定しているので、斧ではコントロールが難しい小径の原木や焚きつけ用の細い薪を安全につくるのに向いていると思います。

●油圧式の薪割り機

もっとも安全なのは、手動で油圧式の薪割り機です。ただ、動きがゆっくりなため、パカンと割れる感覚ではなくメリメリと木が裂ける感じで、薪割りの爽快さは味わえないかもしれません。手漕ぎ式の薪割り機（口絵13）は、インターネットなどで比較的安価に入手できます。付属するレバーを動かすだけで、油圧によって刃が押し出され、ゆっくりと確実に刃を原木に食いこませて割ることができ、万が一、危ないと思ったら、手を止めるだけで動きが止まるので安全に作業をすることができます。子どもでも安全に薪割りができる道具と言えます。

動力を用いるものには、電動式とエンジン式がありますが、一般的にパワーがあるのはエンジン式（口絵14）です。値段も高いものから安いものまであり、おすすめは、値は張りますが、エンジン式のパワーの強いものです。動力式と言っても、どんな木でも割れるというわけではありません。パワーが足りないと途中まで刃が食いこんだ状態で止まってしまうことがままあります。焦って取りはずそうとあれこれやろうとするとケガをしかねません。機械が持っているパワーにみあった原木を選んで使えば問題は起こりませんので、十分なパワーを持っているもののほうが安心です。なお、エンジン式は、エンジン音がかなり大きな点にも注意が必要です。騒音は不快のもとですし、周囲の状況を感知しにくくなります。騒音のストレスもあるためか、今のところ、薪割り体験をした学生には、もっとも人気のない道具になってしまっています。

●その他

最近入手したものに、キンドリングクラッカー（口絵12）があります。これは、ニュージーランドの一三歳の少女による発明品だということです。キンドリングは英語のkindlingで「焚きつけ」を意味するとおり、焚きつけにするような小さな木を割るのに適した道具です。この道具を丸太などの平らな台の上に設置すれば、あとは上向きについた刃に原木を当て、上からハンマーなどで叩きこむだけで、扱いは非常に簡単です。割り心地もいいです。上向きの刃はかなり鋭利で、扱うには注意が必要ですが、ハンマーを叩く手が誤って刃に当たらないようにするバーが設けられているなど、安全面でも配慮されている道具です。パカンと割れる爽快さも味わえる、おすすめの道具です。

もしいくつかの薪割り道具をそろえるならば、気分に応じて、または樹種に応じてなど、その時々によって道具をコーディネートするのも楽しいかもしれません。

癒しの森からの木材を活用した建物——富士癒しの森講義室

癒しの森の手入れをしていると、どうしても枯れた木や倒れた木を取りのぞいたり、大きくなって危険になったり景観を損ねたりしている木を伐採したりすることで木材が発生します。その木材を積極的に使っていくことで、森と関わる生活が楽しいものになります。例えば枝は焚きつけやクラフトの材料に、丸太は薪や簡単な構造物を手づくりする材料になります。

丸太の状態がよければ、つまり腐れや変色、裂けた部分などがなく、十分な長さと太さの丸太なら、これを製材して板や角材としての利用も考えたいところです。そうすると、建物の内装や建具などの材料として立派に活用することができます。それは生活に安らぎや潤いをもたらしてくれると同時に、長い期間、腐って分解することなく木材としてとどまるという点でも意義があります。というのは、炭素を木材の形で長期間保つことになるからです。その期間は木材中の炭素は空気中に放出されないので、二酸化炭素（CO_2）の排出削減に貢献することになります。

内装や建具の材料を丸太から製材・加工するには、どうしてもプロの手を借りる必要があるでしょう。丸太から大きな材を粗取りするには簡易製材機（96ページ）で十分ですが、少し小さめの板や角材をある程度の数そろえるとなると、効率や寸法の安定性から、やはりプロが使う製材機にはかないません。さまざまなサイズでの製材を少量からお願いできる地元の製材工場と関係を築いておくことは重要です。さらに、いろいろな種類の地元の木材を使ってものづくりができる大工さんや建具屋さんを見つけられると心強いです。ところが、現状では地域に根ざした木材利用の技術がどんどんなくなっていっています。ちょっとした量の加工のために、たいそう遠方の業者に頼まなくてはならなかったり、近くに工場があっても規格に合わない加工は対応してもらえなかったりします。これは、いくらお金を用意しても解決できない問題です。地域に根ざした木材を扱う事業の維持は、癒しの森にとって不可欠であると同時に、懸念材料でもあるのです。

そのような考えから私たちは、森林を管理するなかでサイズと状態がよい丸太が出てきたときには、地元の製材工場で大きめの寸法で製材してもらい、材木置き場に乾燥をかねてストックしています。いざ使うことになったら、あらためて必要な寸法に挽き直して使おうという作戦です。木材は乾燥するまでに歪みが出るのですが（木材が「くるう」と言います）、ストックしている間に乾燥するので、くるいのない板や角材が手に入ることになります。果たして、関係者の努力といくつかの幸運もあり、ストックを始めてすぐにそれらの木材を活用した事業を実施できたので、紹介しようと思います。

私たちの森の中には、一九二九（昭和四）年に建築した木造平屋の建物があります。職員宿舎と学生の自炊宿泊のための宿舎として利用していました。ところが、老朽化が進み、取り壊すか大規模な修繕をするしかないような状態になってきていました。それは柱にツガという種類の木を用いた木造建築で、演習林の歴史を今に伝える大事な建物でもありました。そこで、主要な外観とツガの柱による構造をできるだけ変えずに、可能な限りストックした木材を使った改修を模索していたところ、この建物の一部を講義室として改修することになりました（第1章図1-2b）。

富士癒しの森研究所で伐採したカラマツ材を使用したオープンテラスを、地域のみなさんと協力して楽しみながら作成した

この機会を生かし、単に講義室として必要な機能を備えるだけでなく、地元の森から得られる木材の活用事例を展示する機能も持たせることにし、老朽化した外壁はストックしていたカラマツを薄板にして補修することにしました。内装も腰板、ベンチ、テーブルにカラマツ板を用い、色は塗らず、カラマツそのものの木肌を感じられるようにしました。カラマツはこれまで、ねじれやすい（くるいが出やすい）、ヤニが出やすいと建築物には敬遠される傾向があったのですが、使ってみるとそのような不具合は感じませ

ん。ストック中に乾燥が進んでいたのがよかったのかもしれません。むしろ、鮮やかなオレンジに近い色合いがとてもきれいで、長所を見つけることができました。

ほかにも、心地よく機能的な空間にするために工夫したことがいくつかあります。窓は木製サッシと木製雨戸、床の間をそのまま残して掛け軸をかけ、花を生けて来客をもてなすといった、旧来の和室の持つ美と機能も体験できるようにしました。

さらに、外の風景を取り入れたり出入り口としても使用する窓は開口部を大きくとるとともに、コーナーの壁面を全面ガラスにして開放的なつくりにしました。こうすることで、中にいるときでも外の森林空間を楽しむことができ、森から近づいてくるときには中の様子がよく見えます。

講義室として使っていないときには、東屋として開放するのですが、このようなつくりだと散策者は足を踏み入れやすいのではないかと考えています。講義室から庭に向かって出たところの空間には、地域のみなさんに参加してもらい、楽しみながら一年がかりでオープンテラスをつくり上げました（前ページ写真）。これもまた、私たちの森林管理で伐採したカラマツを使っています。

（この講義室の改修は、設計は平倉直子建築設計事務所、施工は㈱丸格建築によるものです。）

第4章　薪のある暮らし——癒しの森の原動力

1 古くて新しい薪

人類が火の恩恵を受けて暮らしてきた太古の昔から、人々は火を得るために薪を用いてきました。そんな薪も、化石燃料や電気が普及した現代社会ではすっかり市民権を失ってしまいました。

これまで紹介してきたように、木材を薪として使うことは、魅力ある森づくりをするうえで大きな原動力になります。そして、暮らしのなかで薪を使うということは、単に暖をとるだけでなく、私たちにさまざまな「癒し」をもたらしてくれる可能性があるのです。無心に薪を割れば、日ごろの運動不足の解消にもなり、目に見える成果（薪の山）に達成感も得られます。薪が燃えて揺らぐ炎は、やすらぎのひとときを演出し、そのまわりには人の輪ができます。

バイオマスエネルギー利用の一形態である薪は、地球温暖化問題が言われて久しい今、現代的な燃料でもあります。ヨーロッパでは、コンピューターで制御し、家屋全体を温められる便利な薪ボイラーも普及しています。残念ながら日本ではまだ、高性能な薪ボイラーを手軽に導入できる状況にはありませんが、薪ストーブは、輸入品・国産品ともに高性能でデザイン性に優れたものが入手しやすくなっています。暗く寒い冬の夜、ストーブの火を眺めながらくつろぐのも夢ではありません。

2 上手な薪の使い方

夢をふくらませたところで冷や水を浴びせるようですが、薪を使うということにはそれなりの知識と配慮が必要です。そこが便利な石油や電気と大きく異なり、しっかり認識しておいてほしい点です。さもないと、夢を失うばかりか、財産を失い、場合によっては薪を使いにくい世の中をつくってしまうことになりかねないからです。

以下では、薪を使うにあたって必要なノウハウを紹介します。といってもかまえて取り組むのではなく、奥の深い趣味ができたと思って薪と向き合ってもらえれば幸いです。

薪を燃やすということ

薪は植物の光合成の産物であり、炭素（C）、水素（H）、酸素（O）を主成分としています。このうち、炭素と水素が熱を発しながら酸素と結合していく過程が「燃焼」と言われる化学現象です（図4-1）。ただし、薪があって酸素があるだけでは燃焼は起こりません。木材の燃焼には熱が不可欠です。高分子である木材に熱が加わると、熱分解が起こり、純粋な炭素（木炭）と木ガスと言われる気体に分離します。木ガスは可燃性のガスで、一定以上の温度条件下で酸素とふれると発熱反応が起こります。これが「炎」です。一方、純粋な炭素のほうも、一定以上の温度で酸素とふれると、その表面が赤熱して反応します。これが「熾火」です。

図4-1　木材の燃焼には２種類ある

木材は熱にさらされると、木ガスと木炭に分離し、木ガスが燃えているのを炎、木炭が燃えているのを熾火と呼ぶ

薪が燃えるということは、①燃料（薪）、②酸素、③熱という三つの要素があってはじめて成り立ちます（図4-2）。どれか一つでも欠けたら燃焼しません。ちなみに③の熱ですが、木材が熱分解を始めるのに一五〇℃以上、木ガスが発火するのに二五〇℃以上、炭素が発火す

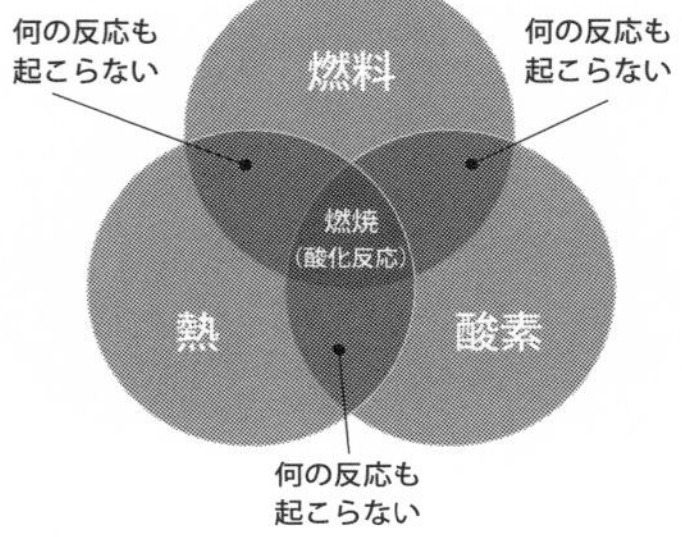

燃料
熱
酸素
燃焼
（酸化反応）
何の反応も起こらない
何の反応も起こらない
何の反応も起こらない

図 4-2　木材燃焼の３要素
これら３要素のいずれかが欠落すると、燃焼は起こらない

るのに四〇〇℃以上が少なくとも必要です。ですから、薪がうまく燃えるためにはそれなりの高温を維持しなくてはならないということになります。一方で、石油系の燃料は引火あるいは発火に必要な温度がきわめて低く、例えばガソリンの場合は引火点がマイナス四三℃です。

薪を燃やすためには相当の熱が必要だということをよく認識しておいてください。というのも、薪を燃やすうえでもっとも注意しなければならないトラブルが、この「熱」が不足することによる薪の不完全燃焼に由来するからです。不完全燃焼とは、ごく簡単に言えば煙がモクモクと出てしまう状態です。煙がストーブの煙突を通るなかで冷やされると、タールやススとなって煙突の内側に付着します。これは可燃物質なので、たまりすぎるとストーブの火が燃え移って燃焼を起こし、煙道火災を引き起こします。煙道火災は発生例が多い、もっとも注意すべき被害です。なかには一家の財産を一瞬のうちに失ってしまった例もあります。また、自分の家が燃えないにしても、煙突からモクモクと出る煙は、周辺の住民に多大な迷惑をかける可能性があります。煙の匂いをばらまき、外に干している洗濯物を汚して苦情が出ることもあります。苦情が出ると、その地域では薪の利用者は悪者になってしまいます。そういった意味でも、不完全燃焼にはくれぐれも気をつける必要があります。

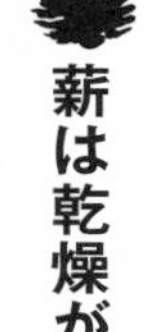

薪は乾燥が命

このような被害を避けるためにはどうすればよいのでしょうか。まずは不完全燃焼が起きる条件を説明しましょう。

重要なのは薪に含まれる水分量です。木が生きているときは、光合成の産物である木材そのものの重量の五〇パーセントあるいは一〇〇パーセント以上の水分を含んでいます。これを燃やそうとすると、①木材の中に入っている水が温められ、②蒸発（気化）し、③さらにその水蒸気が温められるという三つの過程で、どんどん熱が吸収されます（図4-3）。

つまり、薪に水分が多く含まれていれば、燃焼が起こるはずの場所で温度が上がりにくくなります。そうなると、木ガスが燃焼するための熱が不足して不完全燃焼となり、煙がモクモクと出てしまうのです。これを技術的に解決しようとすれば、燃焼炉に外

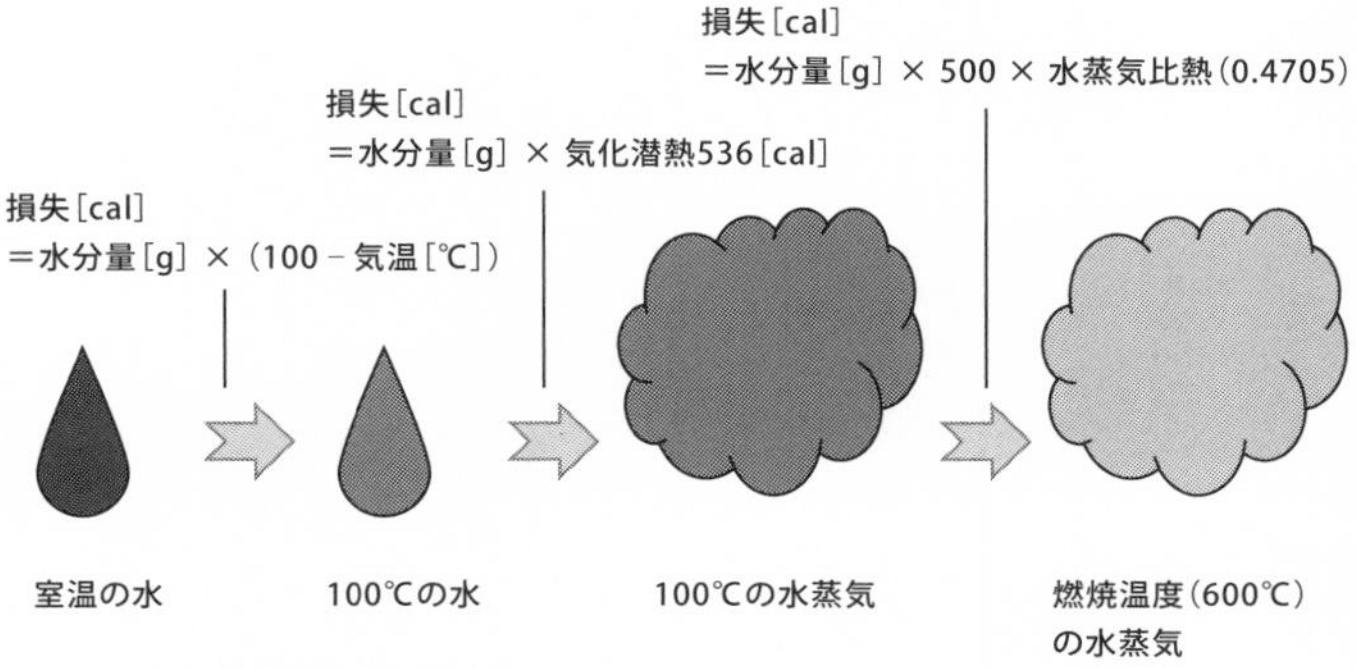

図 4-3　材中水分による熱損失

水があると多くのエネルギーが水の昇温と気化に費やされる

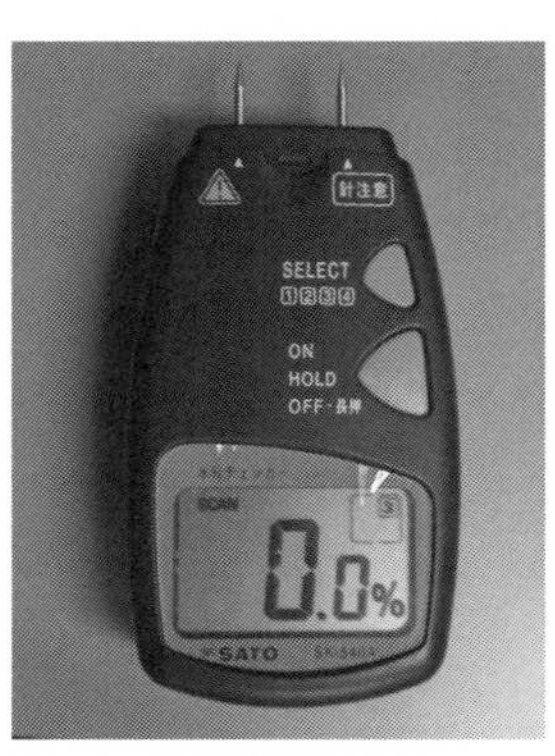

図4-4　含水率計
先端の針を木材に刺すだけで簡易的に木材の含水率を知ることができる

部から別の熱源によって熱を供給する必要がありますが、これは自然のエネルギー源を有効利用しようという立場からすると、本末転倒になってしまいます。

薪を完全燃焼させ、モクモクと煙を出さないために大事なのは、薪をよく乾燥させることです。推奨されているのは、水分を木材そのものの重量の二〇パーセント以下に落とすことです。ちなみにこの水分量の表し方は、乾重ベースの含水率と言い、この水分量を測れる薪利用者向けの含水率計が市販されているので、自分でチェックすることができます（**図4-4**）。

薪をよく乾燥させるには、薪が空気にふれる面積を大きくし、一定の時間をおく必要があります。原木の状態で木材を入手した場合は、なるべく早く玉切りと薪割りをして、雨のかからないところに積んでおきます。薪の乾燥は針葉樹のほうが早いようで、マツの仲間であれば六カ月で含水率が二〇パーセント以下に落ちるという測定結果もあります（木平、二〇一三）。広葉樹の場合は、割った状態でふた夏を越すことが推奨されています。

薪をケチってはいけない

十分に乾燥した薪であっても、扱い方しだいで不完全燃焼を招くことがあります。それは薪を「もったいない」と思うことにより、起きてしまうようです。ある薪が燃えるのに必要な熱は、その薪に近接した薪が燃焼することや燃焼炉に蓄えられた熱によってもたらされます。薪をケチってしまうと、燃焼時の熱不足につながります。そうなると、いくら乾燥したいい薪であっても、木ガスが十分に燃焼できず、モクモクと煙を出してしまうことになります。

木材は再生可能ではありますが、限りのある資源なので、薪を「もったいない」と大事にすること自体は、決して悪いことではありません。しかし、過度に節約してしまうと、薪に本来備わっている燃焼エネルギーを十分に引き出せず、別の意味でもったいない結果となってしまいます。不完全燃焼を起こすことは、自分にとってもまた周辺の住民にとっても被害のもととなってしまいます。こうしたことを理解したうえで、薪を大事に使う必要があります。

薪はかさばる

薪を暖房の主役として使うとなると、薪を備蓄する場所が必要です。薪はかさばるものです。これは、しばしば薪ストーブを導入してから気づく盲点でもあります。かさばる理由の第一は、薪は

図 4-5　薪はかさばる
灯油 18ℓ に相当する熱量の薪（乾いた状態）を並べてみると、そのかさばり具合は一目瞭然

石油やガスに比べて、エネルギー密度が低いことにあります。重量当たりの発熱量で比較すると、薪は石油系燃料のおよそ二分の一しかありません。つまり、石油と同じ熱量を得ようとしたら、薪はその二倍の重量が必要になるということです（図4-5）。また、薪は多分に空気を含んでいます。樹種にもよりますが、薪のおよそ半分は空気です。

さらに薪は不定形なので、積むと薪と薪の間に相当の空間ができてしまいます。薪を積んだときの体積を層積体積と呼びますが、薪（木材）の実体積は、層積体積の七割ほどです。薪を積んだときにできる隙間は、一方で、重要な役割を果たしています。割ったばかりの薪は乾かす必要がありますが、積んだ薪が十分に空気にふれることは乾燥の促進になります。かさばる積み方は、しっかり乾いた薪を準備するうえでは、むしろ大事なのです。

では、どのくらいの体積の薪（棚）が必要なのか、具体例で考えてみましょう。

高冷地である山中湖村では、薪ストーブをフル稼働すると、一二月から三月の厳寒期は火が完全に消える時間はほとんどなく、春から梅雨寒の時期、秋には一日に三〜四時間くらいストーブに火が入っている状態になります。

こうした条件では、一台で年間およそ四トンの薪を消費します。乾燥した木材の平均比重[*]を〇・五とすると、これは八立方メートルの木材（実体積）に相当します。実体積が層積体積の〇・七倍だとすると、この薪の貯蓄に必要な薪棚の容量は一一・四立方メートルとなります。たたみ一畳くらいの面積に一・五メートルくらいの高さまで積める薪棚を設置するとすれば、同じものが五つは必要だということになります。薪の乾燥期間を考えて二年分を貯蓄できるようにすると考えると、さらに二倍の貯蓄場所が必要になります。

つまり、薪を主な暖房として使う場合、その備蓄のために、たたみ一〇畳（五坪）ほどの敷地が、家屋の敷地とは別に必要になると試算されます。実際には、薪を割ったり、玉切りしたりするスペースも必要なので、もっと多くの敷地が必要になります。

どうしても薪の備蓄用スペースが確保できない場合は、必要な分をそのつど業者から買うこともできます。地域によっては定期的な薪の宅配サービスがあるので、そうしたサービスを活用するのも一案です。

＊　比重は木材の密度の指標で、同体積の水に対する重さの比を示します。後述するように樹種によってこの値は大きく異なります。

薪棚をつくろう

以前、建築・デザイン系の高校生の実習を受け持ったときに、細い間伐材を活用した薪棚をつくったことがあります。間伐材を加工せずそのまま使い、なるべくシンプルで簡単な作業になるように心がけたので、みなさんが自分で薪棚をつくろうと思われたなら、ぜひ参考にしてください。

まずは、割り箸を間伐材の丸太に見立てて、薪棚のミニチュアモデルをつくりました。なんだかジオラマ作品をつくっているようで、思いがけず熱中してしまいます。これで基本設計は完成。間伐材である丸太の加工を最小限にとどめて薪棚を組み上げるため、丸太と丸太はボルトとナットで接続することにしました。ホームセンターに行けば、安いボルトが長さ一二〇ミリくらいから三〇〇ミリくらいまで各種取りそろえられているので、間伐材の太さに応じていくつかの長さを適宜買いそろえました。直径一〇センチの間伐材同士を組み合わせるなら、ボルトの長さは二一〇ミリというように、使う間伐材の太さに応じてちょうどいいボルトの長さを選びます。

間伐材は、まず皮をむきます。皮がついていると、そこがのちのち腐りの原因になり、皮が朽ちれば、丸太と丸太の接合が緩くなってしまうからです。皮むき専門の道具（第5章図5-11）もあ

完成した、間伐材を使った薪棚

りますが、ない場合はナタで十分むけます。六月に作業をしたのですが、春から夏にかけて間伐した丸太であれば、樹皮と木材の形成層付近に若く柔らかい細胞が多いためか皮がおもしろいようにむけます。この作業にあたった高校生はそのおもしろさにはしゃいでいました。

次に組み立てます。

丸太と丸太を組み合わせる場所を仮固定して、長いドリルでボルトを通す穴を開けます。固定は誰かに押さえてもらっているだけで十分です。穴が開いたらすぐさま、ボルトとナットが緩みにくくなるようにワッシャーという部品をはさんでボルトを通し、ナットで締め上げて固定します。これを繰り返すだけで、薪棚の躯体(くたい)が完成します。太さの違う丸太でも柔軟に対応できるのが、この方法の大きなメリットです。融通のきくプラモデルづくりというところでしょうか。

屋根には、製材工場でもらってきたヒノキの皮つきの背板（バタ材とも言われます）を使いました。背板が手に入らない場合は、ホームセンターで必ず売っている波板などの屋根葺き材を使うといいでしょう。背板とは、柱や板を挽く際に、丸太の外周部分を落としたもので、ふつうは焼却処分などにされる部分です。皮つきのヒノキなら、なんとなく「檜皮葺き」（ヒノキの皮を重ねて屋根を葺く手法で、神社などでよく見られます）のような雰囲気が出るのではないかと考えました。背板は比較的薄いので、そのままビスを電動ドリルで打ちこむだけです。背板は、装飾と補強をかねて、薪棚の両側の面にも斜めに打ちつけました。

こうして、四時間ほどで一つの薪棚が完成しました（前ページ写真）。できてみると、簡単なつくりのわりには、見た目もよく、がっしりしていて、かなり頑丈なものになりました。美観を備えた工作物としても悪くないと自負しています。細い間伐材があれば、このように簡単にものづくりができるので、興味のある方は挑戦してみてください。

よい薪・悪い薪

広葉樹はよい薪で、針葉樹は悪い薪だ、という話を聞くことがあります。こう言われる主な理由は二つあります。一つは、針葉樹はススが出やすいということ、もう一つは、広葉樹は火もちがよいということです。

まず、針葉樹はススが出やすいということについて検討してみましょう。一般的に針葉樹は広葉樹に比べて油脂分が多いので、これが燃焼の過程で揮発して、燃えきる前に冷やされればススやタールとして煙突の内側に付着することになります。これは煙道火災の原因になりうるので、少しでも少ないほうがよいのです。しかし、完全燃焼すればススやタールも燃えきってしまうので、確実に完全燃焼させせられるのであれば問題ありません。わずかな差ですが、重量当たりの発熱量は油脂分を含むほうが高いので、針葉樹はより高カロリーな燃料であるとも言えます。

次に、火もちがよいかどうかという点について検討します。火もちのよさは木材の比重によって異なります。日本の木材は、乾いた状態での比重（気乾比重）で、約〇・三〜〇・九と、大きな差があります。比重が大きいということは、それだけ多くの燃料が詰まっているということなので、比重の大きい薪を投入するとより長い時間をかけて燃焼します。これが「火もちがよい」ということです。そして、針葉樹には比重の小さい木材が多く、広葉樹には比重の大きい木材が多いのです。例えば、スギとナラの比重を比べると二倍ほど開きがあります。それでも、針葉樹のなかにもカラマツのように比較的重いものもあるし、広葉樹のなかにもクルミのように軽いものもあります。

薪の材料としての樹木を針葉樹と広葉樹に大別して比べると、広葉樹に一定の利点があります。しかし針葉樹であっても広葉樹であっても、十分に薪を乾燥させ、十分な機能を備えたストーブで燃やせば、問題となるススやタールの成分も燃やしてしまえるので問題ありません。また、油脂の多い針葉樹の薪を細めにつくっておくと、火つきがよいので焚きつけとして重宝します。

現状として、日本の森の四割は主に針葉樹からなる人工林で、人里近くに多くあります。そのため身近な森の間伐材や枯損木を薪として有効に活用しようとすると、針葉樹の薪をくべる機会が多くなるでしょう。針葉樹、広葉樹それぞれの薪としての特性を知ったうえで利用することをおすすめします。

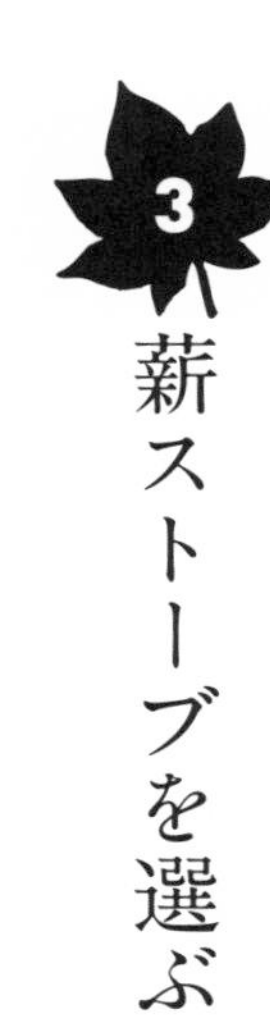

3 薪ストーブを選ぶ

薪ストーブを導入する場合、どの機種にしようかと悩むのは、楽しいひとときです。薪ストーブ専門店が日本各地で増えつつあり、ホームセンターなどでも品揃えが充実していることもあるので、非常に多くの選択肢があります。

今、一般的に手に入る薪ストーブは、高性能なストーブと簡易なストーブに大別できます。前者は、鋳物を使うなど重厚なつくりになっていて、高次燃焼、つまりススやタールの成分も効率よく燃焼させる仕組みを備えています。燃焼効率がいいということは、不完全燃焼によるさまざまな障害も避けやすく、薪の節約にもなります。後者は薄い板金でできていて軽量です。高度な燃焼機構はありませんが、すぐ暖かくなり、また軽いために必要のない夏は取りはずしておけるという利点もあります。一方で、煙突にススやタールが付着しやすいので、こまめに煙突掃除をしなくてはなりません。場合によっては、シーズン中に複数回の煙突掃除が必要な場合もあります。

以下、高性能なストーブから選択するという前提で、チェックしたいポイントを紹介します。

●デザイン性／インテリア性

揺らぐ炎を見つめることは、薪を燃やす大きな楽しみの一つです。最近のヨーロッパ製のストーブのなかには、その様子をモダンな雰囲気で演出するスマートなデザインも増えています。一方で、どっしりとしたやや無骨なデザインのストーブもまだまだ健在です。このようなストーブは、ログハウスや、木材を多用した空間によく合います。

●大きさ（最大薪長）

ストーブの大きさはかなりバラエティに富んでいます。基本的には温めたい空間の大きさに合わせてストーブの大きさを考えます。最近の高断熱住宅では、比較的小さなストーブでも十分です。注意したいのは、外形の大きさだけでなく、どのくらいの長さの薪を投入できるか（最大薪長）です。長い薪が投入できるということは、薪をつくる際に、玉切りの手間を少し減らせるということです。薪を購入して使うことを想定する場合、特に現代的なデザインのストーブでは、一般に売っているサイズの薪が入らないこともあるので、注意が必要です。

●料理への応用

薪ストーブでの料理も、薪ストーブを使う大きな楽しみです。しかし、なかには、ストーブの上にやかんや鍋を置くだけの広さがないものや、そもそもストーブの上が湯を沸かすほど熱くならないものもあります。一方で、キッチンストーブといって、あらかじめオーブンスペースを設けてあるものもあります。そのような特別な仕組みがなくても、燃焼炉が十分に大きければ、その中をオーブンとして利用したり、灰受けのスペースをオーブンのように利用できるものがあったりするので、料理を楽しみたい人は、ぜひそのような観点からも吟味してください。

●煙突を選ぶ

薪ストーブを導入する際には、ストーブ本体よりも煙突選びのほうが重要だと言われています。実際に、ストーブ本体の二〜三倍のコストを煙突および煙突設置にかけることが一般的です。煙突を設置する際の重要なポイントは、第一に煙道火災を防ぐこと、第二に燃焼炉からの通気をスムーズにすることです。

薪ストーブの煙突は、ダブルと呼ばれる断熱煙突と、シングルと呼ばれる非断熱煙突に大別できます。ダブルは煙突が二重の管になっていて、内側の管と外側の管の間に空気層があるか、断熱材が詰めてあります。高価ですが、煙突内を通る排気を極力冷やさないことで、すみやかに排気が戸外に流れやすくなり、ススやタールが煙突内部に付着するのを抑制します。シングルはごく一般的な単層の管による煙突で、廉価ですが、煙突内部が冷やされススやタールが付着しやすいです。安全面を考えて、煙突に十分な予算をかけることを推奨します。

薪を割る

薪割りは、薪を使う醍醐味の一つです。斧をふり下ろして、薪がパカンと心地よい音を立て、左右に飛び落ちるときの爽快感は一度覚えると病みつきになります。もちろん、最初からうまく割れるわけではないし、いくら慣れてきても手こずる場合もあります。薪と向き合いながら自問自答し、薪割りが上達していくのは、ささやかな、それでいてたしかな喜びになります。

薪割りの道具については、第3章の「薪割り道具いろいろ」（108ページ）をご参照ください。

まず装備ですが、木のささくれや棘（とげ）でケガをしないように革手袋を装着します。

慣れないうちは、刃の付け根の柄を原木にぶつけてしまうことがよくあります。そうすると、そ

図 4-6　えぐれてしまった斧の柄

このまま使い続けると思わぬ危険に遭遇する恐れがある

の部分がえぐれて、柄が折れて先が飛んでしまうとたいへん危険です（**図4-6**）。柄はもともと消耗品で、定期的に交換するものなのですが、こうした危険を防ぐために、刃の付け根に金属板のカバーがついている斧もあります。

斧での薪割りは危険がつきまといます。もし、刃がそれて自分の体のほうにきたら……と考えただけでも恐ろしいですね。そうした最悪の事態を招かないようにするためにもっとも重要なのは、斧の刃が自分の体にこないようにすることです。そのためには、まず、斧を「ふりまわす」のではなく「ふり落とす」イメージで扱ってください。薪を割り終わった刃が体のほうに向かうのではなく、薪割り台の上で確実に止まるようにします。薪割り台は、あまり低いと刃先が台上で止まらない可能性が高まるので、適切な高さの台を使います（身長一七〇センチくらいの体格のよい人で四〇センチ程度、身長一五五センチくらいの小柄な人だと三〇センチ程度）。

また、原木のなるべく真ん中をねらうことも重要です。端っこに刃が当たると、ぐらりと原木が傾くか、そこが小さな木っ端に削れながら刃が横にそれてしまい、斧の刃が大きく左右にずれて自分の足に向かってくる危険があります。的となる部分が小さくなってくるとこの危険性が高まるので、原木がある程度小さくなったら、無理に斧で割らないようにしましょう。小さな焚きつけ用の薪をつくる必要がある場合は、小斧などを使いましょう。スマートスプリッターと呼ばれるおもり式や据えつけ型の薪割り機を用いると、安全に小さな薪までつくれます。薪割りに自信がない場合や、小さな薪を安全につくりたい場合は、斧以外の道具を検討してください。

割れて勢いよく飛ぶ薪によるケガを防ぐため、薪割りをする人の横方向の五メートル以内には近づかないようにします。

薪割りでは木とのコミュニケーションが大事です。つまり、割ろうとしている丸太の木目がどのように通っているか、どの角度に刃を入れると割れやすい

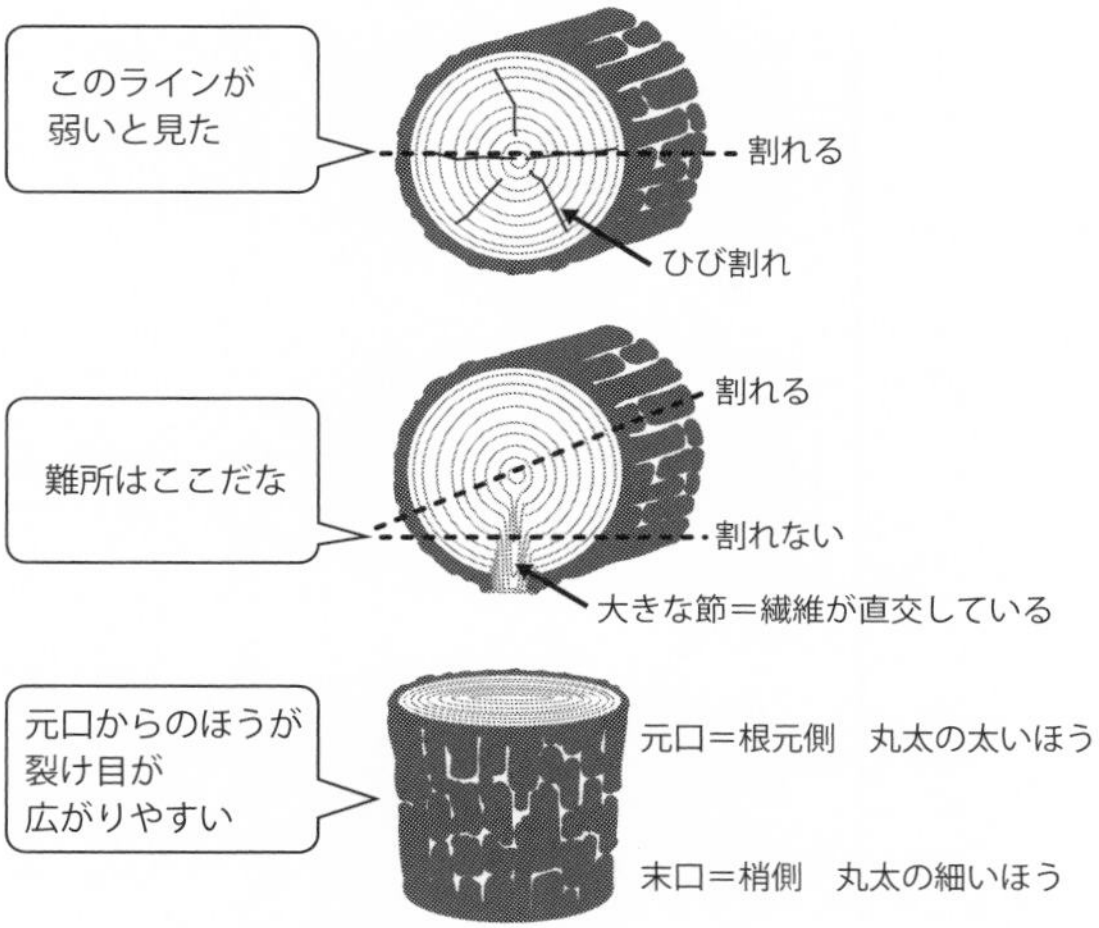

このラインが
弱いと見た
割れる
ひび割れ
割れる
難所はここだな
割れない
大きな節＝繊維が直交している
元口からのほうが
裂け目が
広がりやすい
元口＝根元側　丸太の太いほう
末口＝梢側　丸太の細いほう

図 4-7　木の特性を読む

薪割りは奥が深い。木の個性を読むのも薪割りの楽しみの一つ

か、丸太をよく見てあらかじめ予測します（図4-7）。これは、爽快な薪割りへの近道にもなります。なんのクセもない、まっすぐに木目の通っている丸太なら問題ありませんが、薪にする丸太はたいてい、なんらかのクセがあります。もっとも多いのが節です。節はもともと枝がついていたところで、幹の木目に対して横切るように強靭な繊維が走っているので、そこで割ろうとすると苦労します。節が見えたら、その節の繊維を横切らないように刃を入れるようにしましょう。慣れてくれば、その節の中心から真っ二つに裂くように割ることもできますが、まずはなるべく節を避けることを心がけてください。また、上下で太さの違う木も割りにくいです。たいてい細いほうが木の梢側（末口）、太いほうが木の根元側（元口）ですが、木目の入り方から考えると、元口のほうから割れ目を入れるほうが裂けやすいです。

丸太の断面（木口）もぜひ見てください。少し乾燥していれば、木口にひび割れがいくつか入っているはずです。なかでも大きく長く入っているひびがあれば、割れやすい面がそこにある可能性があるので、まずはそこをねらって割っていくといいでしょう。生木を切りたての丸太は、このひびが見えないだけでなく、繊維が粘りすぎてうまく割れないことが多いです。快適で安全な薪割りのためには、玉切りをした丸太を少し乾燥させてから、薪にするといいでしょう。

ねじれていたり、太い節だらけだったりする丸太は、斧で割るのが困難で、無理をするとケガをしてしまう危険もあります。斧で割れそうにないと思ったら、薪割り機やチェーンソーを使って細かくしましょう。

薪を積む

薪ストーブを主暖房として使う場合は、大量の薪を扱うことになるので、いかに薪を積むかも大事なポイントです。すでにふれたように、薪を乾燥させる過程では、割った薪が十分に空気にふれるように、つまり、ある程度隙間ができるように積みます。乾いた薪は隙間を詰めて積み替えてもよいでしょう。

薪棚については、コラム5「薪棚をつくろう」（126ページ）をご参照ください。

薪棚に収納する前に、野積みにしたい場合は、「井桁（いげた）積み」をすすめます（図4-8）。薪を並べる列の両端を、一段ごとに薪の方向を変えて積んでいく井桁積みにすれば薪だけで積んでも崩れず安定します。井桁積みは空隙（くうげき）をたくさん含むことになる

図4-8　基本的な薪の積み方（井桁積み）
両側を一段ずつ交差させることで、棚がなくても崩れにくく積むことができる

ので、乾燥させる目的で積む場合にも適しています。

薪はうまく積めば、エクステリアにもなります。木口をそろえて積むと、趣のある「薪壁」にもなります。割る前の丸太をエクステリアとして使っているのが、前述した湖畔広場にある東屋(あずまや)の壁です(口絵6)。ほかにも、エクステリアあるいはアートとして薪を積んでいる例はたくさんあります。「薪」「アート」「firewood」「art」「stack」などと検索語を入れてインターネットで画像検索をすれば、さまざまな例を見ることができます。

6 薪で料理を楽しむ

薪ストーブの恩恵のうち、料理はもっともありがたいものかもしれません。前述のように、キッチンストーブと呼ばれるオーブン機能を備えた薪ストーブもありますが、ここでは一般的な薪ストーブでも楽しめる調理方法について簡単に紹介します。

どのような料理ができるかは、薪ストーブの機種しだいですが、ストーブの天板の上がもっとも活用しやすいでしょう。天板の上は、ガスの火などに比べれば高温になりにくいため、煮こみ料理や蒸し料理をつくるのに向いています。温度にムラがあるので、温度の高いところ、低いところを見つけて加熱具合を調整すれば、料理に幅が生まれます。蓄熱性の高いストーブであれば、沸騰するかしないかの温度を長い時間持続させることもできます。スジ肉などを柔らかく煮こむにはこうした温度帯が理想的で、寝る前に天板に鍋をのせておくと、朝にはとろとろの煮こみ料理ができ上がっています。

燃焼炉の広いストーブであれば、燃焼炉の中でオーブン料理ができます。天板での調理に比べると、料理に適した温度を持続させることが難しいのですが、本格的なオーブン料理ができるのは魅力的です。一時間程度薪を燃やし、十分にストーブ本体が蓄熱し、薪が熾火となって炉内にたまった状態になれば、肉のローストやピザ、手づくりパンなどが焼けます。こうした料理をやりやすくするものとして、ダッチオーブンや重厚なフライパンのようなスキレット、炉台(ろだい)などがあります。

灰受けを備えている機種では、灰受けが調理に使える場合があります。ただし、灰受けを調理に使うことを推奨していない場合もあります。上の燃焼炉から灰が落ちてくるので、アルミホイルで食材を覆って蒸し焼きにする料理が向いています。さつまいもはもちろん、じゃがいもや里いも、玉ねぎなどを、じっくり火を通す蒸し焼きにするのにぴったりです。バナナを皮ごと蒸し焼きにするとデザートとして楽しめます。

以上見てきたように、薪は、使うには手間がかかるし、場所も必要だし、覚えなければならないことも多くて、まったくもって不便な燃料です。しかし、その不便さゆえにかけざるを得ない手間や時間が魅力に変わる可能性を秘めています。楽しむために手間をかける、学ぶ。そのようなスタンスで薪とつきあうのが、現代の薪のある暮らしには合っているようです。

第2部

癒しの森でできること

第一部では癒しの森の成り立ちや考え方と実際の管理方法などを説明してきました。第二部では癒しの森を使って実際にできることを具体的に紹介します。対象は子どもや学生や地域住民などさまざまで、内容は野外教育、レクリエーションから誰でもできる山しごと、カウンセリングまで、癒しの森ならではの多様な活用事例を、実際に行う際の注意点や手引きも含めできるだけ詳細に書いてあります。教育現場やカウンセリングなど、専門家にしか取り組めない事例も含め紹介していますが、みなさんで地域独自の森づくりや活用を考えるときのヒント集として使えるのではないかと考えています。

第5章　癒しの森で学ぶ

癒しの森の持つ力を活用してさまざまな活動を行うことができます。この章では、私たちがこれまで大学生や大学院生を対象に行ってきたさまざまな取り組みからいくつか紹介します。なかには一般の人や子どもを対象に行うことが可能なものもあります。また、内容も環境をテーマにしていたり、デザインを取り扱っていたり、森林に関わる技術だったりと多岐にわたります。タイトルをパラパラと眺めて、興味のあるプログラムだけ読んでいただいてもよいでしょう。

自分たちの手で癒しの森をつくる

全学体験ゼミナール「癒しの森を創る」は、東京大学のすべての一・二年生が受講できる選択講義として開講しました。この講義は、学生自らが森林空間にはたらきかける作業を企画し、実際に手を動かして癒しの森をつくる過程を体験することで、森の成り立ちのみならず、自分の手で環境は整えられること、ディスカッションや試作を通じてアイデアが磨かれていくこと、森がもたらす資材の活用可能性や仕事をすることの楽しみなど、さまざまな学び（気づき）を得ることを目標にしています。この講義の舞台として、私たちは富士癒しの森研究所内の一区画に専用のスペースを用意しました。

事前に東京のキャンパスで四回の講義を行い、森林の成り立ちや森林と人との関わりについての基礎知識を得たうえで、グループワークで企画を考えてもらいます。その後、丸二日間の泊まりこみの実習を富士癒しの森研究所で行い、キャンパスで検討した企画を現実と照らして調整し、自分たちの手を動かして実行します。

講義は年に二回、夏と冬に開催し、前回の学生たちが整備した癒しの森を次に受講する学生が引き継ぎ、新しくアイデアを追加して整備を進める、というやり方で五年間継続しました。これによって、それまでの整備の成果を活用できるだけでなく、前回までの成果を見ることにより、自分たちのできる可能性を知り、範囲を広げることができます。

学生専用の癒しの森ははじめ、しばらく手入れをしていなかったために低木や枯れ木、落ち枝が雑然と散在している状態でした。学生たちが二日間の実習で進められるだけの整備をし、これを次回の受講生に引き継ぐかたちで五年間、計一〇回継続したことで、当初予定していた二〇〇平方メートルの二倍ほどの面積の森が整備されることになりました。

参加した学生の多くは、自分たちの力で癒しの森をつくることができると実感してくれました。木工や山しごとの経験がない学生がほとんどなので、チェーンソーやエンジン式の刈り払い機、電動工具などの使用はなるべく避け、手仕事で使える道具や資材を用意するようにしました。同時に、学生が活動する森林は、安全のために、枯れ木の伐倒などをあらかじめ行っておきました。また、伐倒した丸太も資材として活用できることとしました。

その講義のなかから学生たちが生み出した活動や整備のアイデアをいくつか紹介します。

心地よい森の中でのグループワーク

林内の気持ちがいい環境で座って話し合うと、よいアイデアが出たり、議論がまとまりやすかったりします。転地効果といえるかもしれません。

資材と道具：ホワイトボード、ホワイトボードマーカー、マグネット、日よけ、椅子

人数：ホワイトボード一つ当たり五〜六人

時間：一〜二時間

作業手順：落ち枝と落ち葉をかたづけ、必要に応じてタープやシートを樹間に張って日よけを

つくります。ホワイトボード、椅子を設置します。

安全上の注意：ハチや蚊などの虫刺されに注意が必要です。また、樹上からの落下物がないように、あらかじめ上方に落ちそうな枯れ枝がないか確認します。

楽しみ方：日よけに落ちる木もれ日の模様が楽しめます。心が解放されると、出てくるアイデアがいつもと違ったり、話し合いが活性化したりという体験ができます。

図5-1　屋外にホワイトボードを持ち出して、ディスカッションをするのは、学生にとって非日常の体験。設置した日よけに落ちる木もれ日が美しい

道づくり

身近な材料を使って、人を森に呼びこめるような、歩きやすい道をつくります。道にとってはじゃまな落ち枝・灌木（かんぼく）・倒木も、それをくず炭（104ページ）やチップ（105ページ）、輪切りの板にする

と、道づくりの材料になります。身近なものをどのように生かすか工夫する機会となるでしょう。

資材と道具：落ち枝など（現地調達）、ノコギリ、シャベル、熊手など

人数：二人以上

時間：一時間以上（計画した道の長さと、低木などの障害物の多さによって異なります）

作業手順：まず道のルートを決めます。ルート上の灌木、落ち枝、落ち葉などを取りのぞき、熊手などを使ってならします。取りのぞいたところに、くず炭やチップを撒いたり、輪切りの板を設置するなどします。

安全上の注意：集めた枝や灌木類を燃やす場合には、周囲に燃えやすいものがないか、よく注意してください。灌木を刈り取る際に、ナタなどで斜めに切ると、切り株がとがって危険です。ノコギリで地際から水平に切るのがよいでしょう。

楽しみ方：道をつくる過程で、森林空間が洗練された雰囲気になっていく様子を実感でき、歩きやす

図 5-2　倒木を輪切りにした円板を使った道づくり
道に輪切りの木を埋めて楽しい雰囲気の小道ができた

い道ができると、散策の楽しみが増します。また、どこへ続くともわからない道が目の前にあると、その方向に進んでいきたくなる衝動が生じることを実感することもできます。

立木を生かした遊具をつくる——縄ばしごとブランコ

立っている木をそのまま遊具の材料として活用します。簡単な作業で遊具を手づくりでき、遊具があると森林空間の雰囲気が変わります。

資材と道具：細めの丸太（間伐材）、ノコギリ、斧、ロープ、ドリル、脚立、ボルト、ナット、ワッシャー

人数：二〜三人

時間：二時間

作業手順：

●縄ばしご

少し登れば枝に足をかけることができるような、ちょうどよい枝ぶりの樹木を見つけて、登りや

すいようにじゃまな下枝を処理します。これは、枯れていて落ちる危険のある枝の処理もかねています。周辺で伐採した丸太を五〇センチ程度の長さに切り、斧で半割りにします。これがはしごの足かけになります。できた半割りの木材の両端にドリルで穴を開けて、ロープを通し結び目をつくって固定すると、縄ばしごができます。下枝を処理した木に脚立をかけて、つくった縄ばしごを、最初に足をかける段が地面より五〇センチくらいの高さになるように設置します。

●ブランコ

二〜三メートルの間隔で隣り合って立っていて、太さが二〇センチ内外の木が見つかれば、それがブランコの支柱となります。ブランコのロープをかけるのにちょうどいい太い枝を張った木が見つかれば、それでもいいです。隣り合った二本の立木を使う場合は、直径一〇センチほどの間伐材を、植栽木の上部（地上から二・五メートルくらい）にドリルで穴を開けてボルトで固定し、横棒にします。丸太や半割りにした木材の両端に

図5-3　遊具をつくる。縄ばしご(a)とブランコ(b)。ロープと丸太を使っていろいろなものをつくることができる。ロープの結び方を知っていると、とても役に立つ

ロープを結びます。これを横棒もしくは太い横枝に結びつけてブランコの完成です。

安全上の注意：丸太を半割りにする際には、刃物の取り扱いに注意が必要です（133ページ）。生きている樹木を使って固定する構造物は樹木が生きている期間しか使うことができません。枯死した場合などには撤去しましょう。また当然のことながら、ロープを正しい方法で結ぶこと、遊具からの落下には注意が必要です。遊び終わったあとは、撤収するようにします。

楽しみ方：身近な材料と道具で遊具ができると、意外な達成感があります。遊具があると、森林空間が遊べる楽しい場所へと様変わりします。特に子どもには大好評です。

やまなかふぇ――素敵なバーカウンターができました

学生たちは、立木を工作物の土台にできることを発見しました。ナチュラルな形で「生えている」木の上にバーカウンターをつくると、森の中に「カフェ」や「バー」をイメージした、憩いのスペースが現れました。

資材と道具：ノコギリ、ドリル、釘、固定金具、丸太、板材、水平器、必要に応じてチェーンソ

ーと簡易製材機

人数：三人以上

時間：三時間以上

作業手順：密植した人工林では植えられた木が列上に並んで育っています。この中からバーカウンターの脚となる立木（直径一〇～一五センチほど）を三本選びます。水平器とまっすぐな角材などを使って、同じ高さで切れるように三本の立木に印をつけたうえで伐採します。その上に板（簡易製材機で製材したもの）（96ページ）を設置してカウンターを作成します。

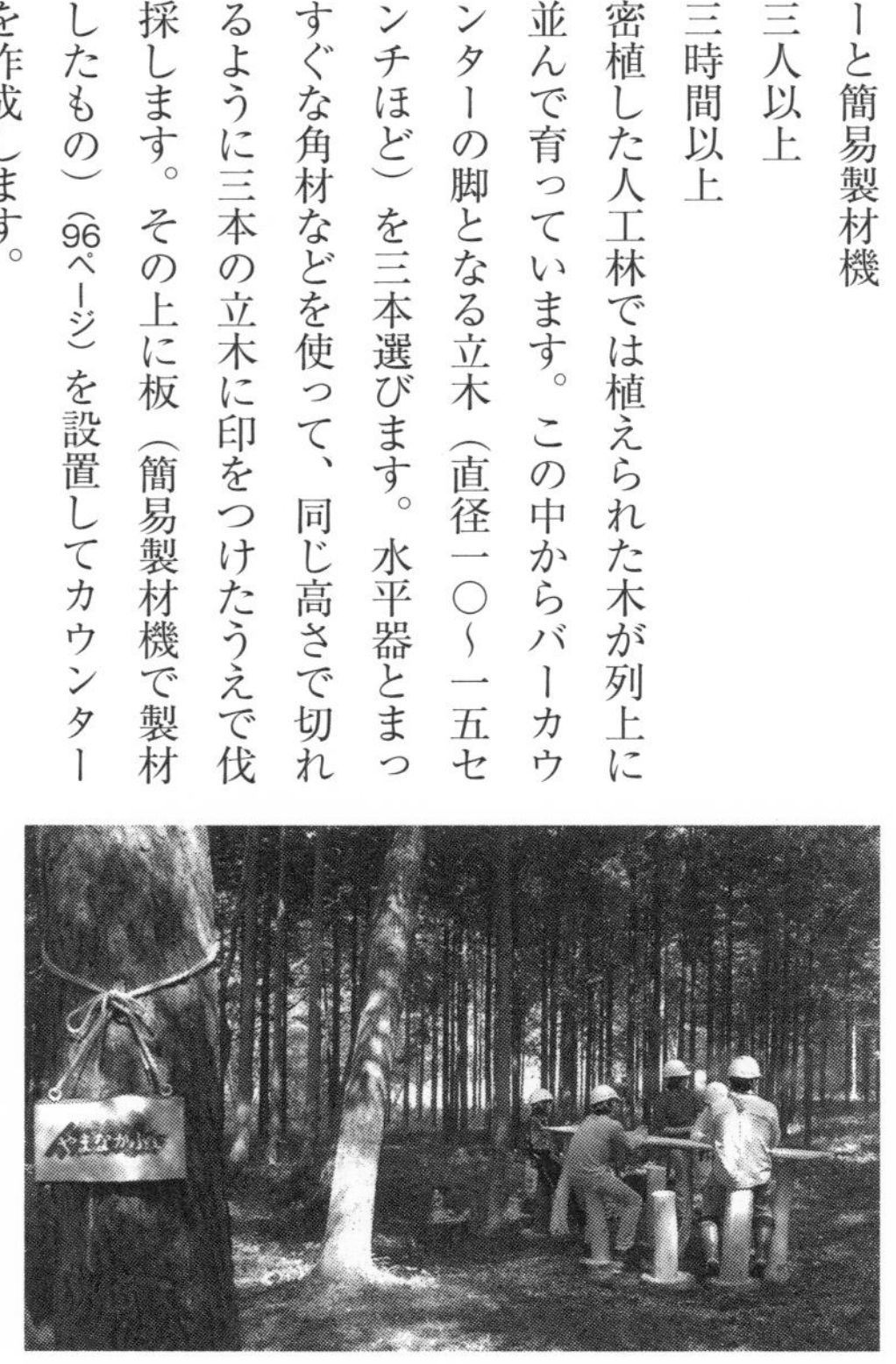

図 5-4　立木を利用したバーカウンター。森林内に水平にテーブルを設置するのは、存外大変な工作が必要となる。写真のバーカウンターは、一列に並んで植栽してあった立木をチェーンソーで切りそろえた切り株に、天板を取りつけて作成した

安全上の注意：樹木の伐採作業は退避できる場所をよく確認してから行うことと、作業者以外の安全を確保することに注意します。無理な作業を避けるため、切りたいところよりも高い位置で一度伐採して、あとで落ち着いて高さをそろえるための切断作業をするといいでしょう。

楽しみ方：立木がそのままバーカウンターに変わる、という発想の転換がおもしろいです。木もれ日の中にくつろぎのスペースが浮かび上がり、立ち寄ってみたい気持ちになります。飲み物などを持ち寄ったら、きっと話もはずむことでしょう。

森のエネルギーを使いこなす

全学体験ゼミナール「森のエネルギーを使いこなす」は、東京大学一・二年生対象の科目で、富士癒しの森研究所での現地実習は三泊四日ないし二泊三日の日程で行われています。この講義のねらいは、頭と体の両方を使って森のエネルギーについての理解を深めることにあります。講義のなかには計算問題を含む課題もありますが、基本的に四則計算ができればいいので、中高生以上であれば取り組めるでしょう。もちろん、活動体験のみでも十分な意義があると思います。この現地実習のなかで行われてきたものをいくつか紹介しましょう。

薪割りと薪の体積計測

このプログラムは、薪をつくることの労力や、必要とされる技能、付随する楽しみなどを理解することを目的としています。また、薪づくりをする前後で体積を計測し、それらを比較することで薪が「かさばる」燃料であることを理解します。

道具：薪割り道具各種（108ページ・口絵8〜14）、輪尺（りんじゃく）、メジャー（巻尺）
人数：一グループ五〜六人以下
時間：薪割り体験と計測一・五〜二時間、演習問題〇・五〜一時間

●薪割り体験

薪割りは危険がともなうので、指導者の目が行き届くようにするために、学生は五〜六人以下の少人数のグループで行っています。私たちは、通常使用している薪ストーブ、および湖畔の東屋（あずまや）（87ページ・口絵6）の都合から、長さ四〇センチの原木（丸太）を用意していますが、初心者は、三〇センチくらいのより短い原木のほうが割りやすいです。

薪割り体験でもっとも重要なのは、安全確保に関する指導です。特に斧を使う場合の安全指導を十分に行います。私たちは「薪割り安全マニュアル」を作成して学生に配布し、これに従って安全

指導を行います。薪割りの具体的な注意事項については、第4章の「薪を割る」(133ページ)をご参照ください。

薪割り体験では、通常の斧だけでなく、おもり式の薪割り機やエンジン式薪割り機など、いくつかの異なる技術を体験してもらいましょう。道具が変われば労力やコツも変わること、あるいは仕事の楽しさも変わることを実感してもらえます。私たちはこれまで、道具の違いによって薪割りの快適性がどう違うのか、アンケートを取ってきました。血気さかんな若者を対象としているからでしょうか、いちばん楽であるはずのエンジン式薪割り機の評価は低く、もっともシンプルな和斧の評価が高い結果になりました。

●薪の体積計測

薪を割る前に、原木(丸太)のサイズの計測をします。学生にはあらかじめ、原木を円柱と見なして体積を求めることを説明しておきます。つまり、直径(あるいは半径)と長さがわかれば、のちに計算で原木の体積が求められるということです。例えば、原木の長さが四〇センチで一定であれば、直径だけ測ればよいことになります。直径は原木の中ほどで輪尺を用いて測ります(図5-5)。

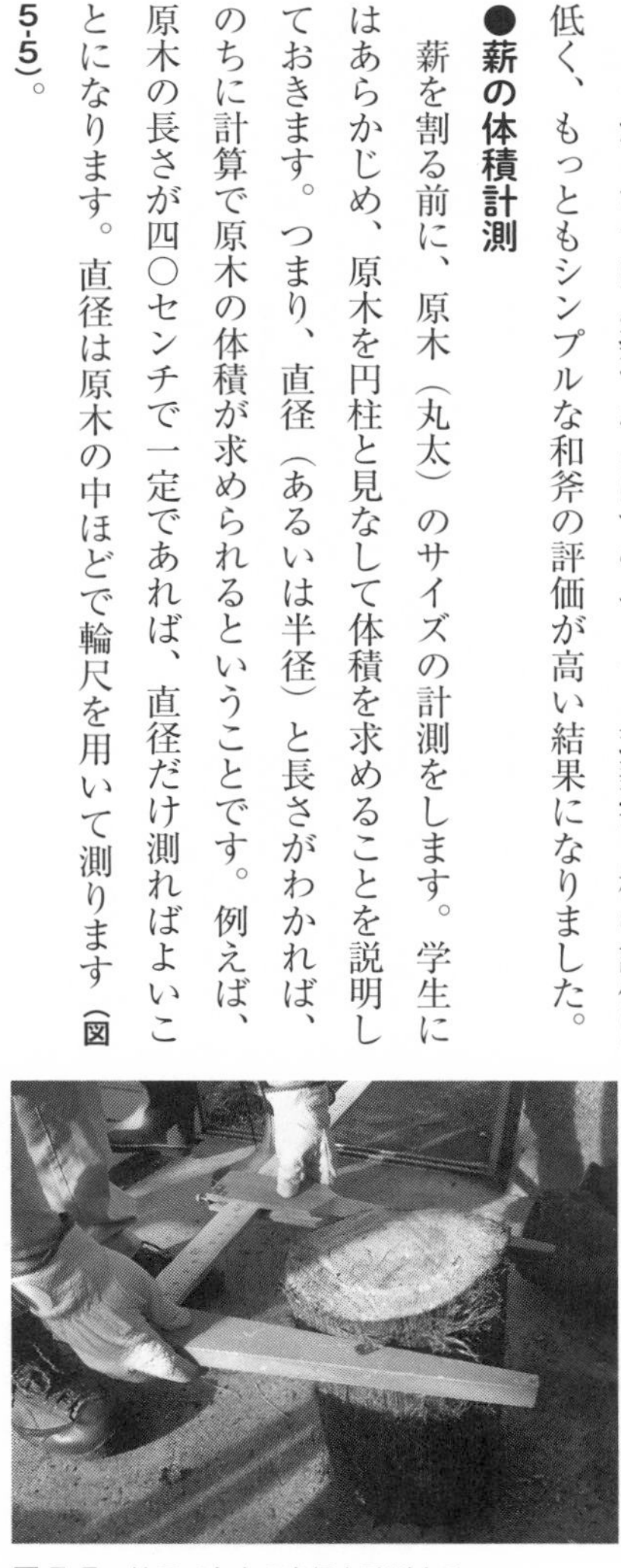

図5-5　輪尺で丸太の直径を計測する

薪割りをしたあと、薪を積み上げます。空(から)の薪棚があればいいのですが、ない場合は井桁(いげた)に積んで崩れるのを防ぎながら積み上げます(第4章図4-8)。計測した丸太をすべて割り、積み終えたら、積み上がった薪の幅と高さをメジャーで計測します。奥行きは原木の長さになります。これらのデータから薪を積んだ状態の見かけ上の体積＝層積体積を計算によって求めます。これは、空隙(くうげき)を含んだ体積になります。薪の備蓄には、ほかの液体・気体燃料と比べて多くのスペースを必要とすることを、実体積と比較することで理解できます。

なお、先行研究によって、層積体積と実体積の比は平均して一対〇・七程度であることが知られています。実際、学生に薪を積ませてみると、一対〇・六〜〇・八とばらつきが出ます。かつて薪は層積体積で取引されていて、「うまい」業者は、なるべく隙間を多くして積んだと言います。一方で、空隙は薪をよく乾燥させるうえで必要です。こうした知識をもとに議論するのもおもしろいでしょう。

間伐と間伐材の価値の試算

このプログラムは、間伐には相応の労力と技術が必要であること、間伐による林内環境の変化を理解することをねらいとしています。また、各種演習問題を通じて、間伐材を活用することの経済性について理解を深めることが期待できます。

道具：ノコギリ、輪尺、メジャー（巻尺）、木材チョーク、必要に応じて照度計、ほか適宜伐倒の補助作業具を用意する（チェーンソー、クサビなど）

人数：一グループ五〜六人以下

時間：間伐体験と計測一・五〜二時間、演習問題一〜一・五時間

●間伐体験

これも薪割りと同様、危険がつきまとう作業なので、せいぜい五〜六人以下の少人数のグループにとどめ、指導の目が十分に行き届くようにします。学生にはノコギリを使用して間伐に取り組んでもらいますので、直径一五センチ内外の樹木が適当なようです。事前に対象地で選木しマーキングしておくとスムーズですが、選木するところからプログラムにしてもよいでしょう。薪割り体験と同様に、作業に入る前に、作業のあらましと安全確保のための説明を十分にしておくことが重要です。

樹木伐採の基本的な技術である受け口と追い口を中心に間伐作業の説明を行います。現地に落ちている枝などを使って、実際にノコギリを入れて受け口および追い口の入れ方を見せ、木が倒れる

方向についても説明するとわかりやすいでしょう。樹木を倒したい方向から、水平方向の切り口と、それに対して三〇～四五度斜め上方から切り口を入れて、くさび状（三角形）の「受け口」をまずつくります。受け口を入れるのは木が倒れる方向を定めるためで、そうすることによってなるべく「かかり木」を避け、作業の安全性および作業効率向上のために重要であることを伝えます。次に、木を切り倒すために受け口の反対側から切り進むことを「追い口」と言います。追い口を入れるときは作業者一名以外は周辺に近づかないことを徹底します。伐倒作業の安全について詳しくは第3章の「あっ、危ない！――山しごとを安全に行うために」（78ページ）をご参照ください。

学生はそもそも刃物類の使用経験がない場合がほとんどなので、基本的なノコギリの扱い方、立ち位置、構え方をしっかり指導します。かかり木とならないことが望ましいのですが、どうしてもかかり木は発生します。これを失敗ととらえるのではなく、むしろ、間伐の難しさ、生産性を高めることの困難さを知るための材料とするとよいでしょう。

間伐が終了したら、間伐後の林内を見わたしてもらって、林内環境の変化を観察します。もし照度計があれば、伐採前と後での林内の光環境について、データから確認することもできます。その際、伐採前後でそもそも日射量が変わっている可能性があるので、対照のために林道でのデータをとるなどして、有効に比較検討できるようにします。デジタルカメラを用いて、伐採前後の上向きの写真や水平方向の写真を比較してもよいでしょう。

●間伐材の価値を計算する

この実習では、実際に学生が伐採した間伐材を計測したうえで、演習問題を三例行いましたので紹介します。なお、演習問題の内容によって、間伐現場で学生が計測する方法が異なります。これらの例で利用するのは、末口二乗法（丸太の細いほうの切り口の直径の二乗と丸太の長さをかけた値を丸太の体積とする方法）と、幹材積表（立木の地上から一・二メートルの位置での直径〈胸高直径〉と立木の高さから幹の体積を推定する対応表）を用いる方法です。これらについては、事前に室内などで説明しておきましょう。所要時間は三〇分もあれば十分です。

【演習問題その1】

あなたたちのグループで間伐した木を木材として販売した場合、その市場価値を推算・評価してみましょう。

1. 木材の材積を求める（単位：㎥）。

1-1. 間伐した木を4mに玉切りして、末口（丸太の細いほう、つまり木の上のほう）の直径を測りましょう。ただし末口直径12cm未満は出荷しない（現場に捨てていく）と想定します。

1-2. 末口二乗法で、生産した丸太の材積を計算しましょう。

2. 最新の木材価格（市価）をもとに、生産した丸太（素材）の市場価値を求めましょう。

2-1. 木材価格統計（ウェブサイト）から、知りたい単価を見つけましょう。

2-2. 生産した丸太の市場価値を求めましょう。

3. 求められた結果をもとに、間伐の成果についてグループ内でディスカッションし、評価しましょう。（輸送コスト？　労働賃金？　所有者への利益還元？）

【演習問題その2】

あなたたちのグループで間伐した木をチップ化してエネルギー利用することを想定した場合、どのぐらいの熱量や収入が得られるのか推算・評価してみましょう。

1. 木材の材積を求める（単位：㎥）。

1-1. 間伐したヒノキの胸高直径（地上1.2mのところの直径）と樹高を測りましょう。

1-2. 幹材積表で、伐採した木の幹材積を求めましょう。

2. 伐採した木に潜在するエネルギー量を求めましょう。

2-1. ヒノキの比重を0.4t/㎥（気乾時）として、伐採した木の幹材バイオマスの質量を求めましょう。

2-2. チップ化して含水率30%くらいで燃やしたとき3000kcal/kgの発熱量が得られるとして、伐採した幹材のエネルギー量を求めましょう。

3. 身近なエネルギーに置き換えたとき、どれほどの価値になるか、評価してみましょう。

3-1. 石油はおよそ8700kcal/ℓです。石油何ℓに相当するでしょうか。また、灯油価格を参考にすると、どれほどの価格に相当するでしょうか。

3-2. 電力への変換効率を25%とすると、何kWhの電気が発電できるでしょうか（1kWh＝860kcal）。また、その電力を、固定価格買取制度（ウェブサイトで調べましょう）を用いて販売した場合、どれだけの収入が得られるでしょうか。

【演習問題その3】

演習林の近隣で長さ30cm、直径20cmくらいの針葉樹の薪が1束540円で売られていました。あなたたちのグループで間伐した木を薪にして同様に売った場合、どのぐらいの収入が得られるのか推算・評価してみましょう。

1. 木材の材積を求める（単位：㎥）。

1-1. 伐倒した幹材を、3.6mごとに玉切りして、末口直径を測りましょう。ただし、10cm未満となった場合、それより上部は現地に残します。

1-2. 末口二乗法で、生産した丸太の材積を計算しましょう。

2. 近隣で販売されている薪と比較しましょう。

2-1. 薪束の層積体積：実体積＝1：0.8として、販売されている薪1束の原木実体積を求めましょう。

2-2. 今回得られた間伐材でこの販売薪が何束つくれそうか、収入がいくら得られそうか、評価してみましょう。

炭焼き体験と収炭率

このプログラムでは炭焼きの原理を学んで、薪と比べて質の高い燃料である木炭をどのようにつくるかを体験し、副産物として木酢液が得られることを理解します。加えて、かつての山村において重要な現金収入源となりえた背景を考察できれば、なおよいでしょう。

道具：炭窯、プローブ温度計（金属製の温度センサーと接続して測定できる温度計）、バネばかり、丈夫な袋、あれば含水率計

人数：二〇人程度まで可能だが、より少人数のほうが望ましい

時間：一・五日

比較的短時間に炭化を完了するために、小型の簡易炭窯を用います。ドラム缶などで自作する方法もあります。

炭化の原理と炭窯の構造について説明したあと、原木の重量をバネばかりで測りながら炭窯に原木を詰めこんでいきます。原木を詰め終わったら、焚き口で薪を燃やし始めます。焚きつけにはスギの落ち葉のような周辺の林内で手に入るものを用意するなど、段取りを整えてもらっておきましょう。

焚き口で火を焚き始めたら、煙の温度を煙突の出口付近でプローブ温度計を使って測り、八〇℃ほどになるまでは薪をくべ続けます。それ以降は空気孔を開けたまましばらく放置します。それまでの間に、木酢液を採取する準備を整えたり、木酢液が得られる原理やその活用方法について解説したりします。

薪をくべなくてもよくなったら、つまり安定燃焼に移行したら、炭化が完了するまで一〇時間前

後の時間を必要とします。この間、並行してほかのプログラムを実行するといいでしょう。時々、煙の温度と煙の様子をチェックします。煙の温度が二〇〇℃くらいになると、煙の色が薄くなり、窯止めまで近いことがわかります。煙が無色透明になったら、それは炭化が完了した合図なので、空気孔を閉じ、煙突にも蓋をして完全に空気を遮断して窯止めをします。

翌朝、十分に窯が冷えていることを確認して、窯開けをします。でき上がった木炭を窯から取り出し、その重量を計測します。その重量を窯入れした際の原木重量で割って、「収炭率」を求めます。かつては腕のよい炭焼き職人が炭を焼くと二〇パーセントほどの収炭率だったと言います。これより高いと、炭化が十分でなく煙の出る粗悪な炭となる可能性があり、これより低いと必要以上に燃焼が進み、せっかくの燃料が灰に帰したということです。得られた収炭率と観察した色合いや、叩いたときの音などから、できばえについて話し合います。

森のエネルギーで調理実習

この調理実習では、森林で無用と思われているものが、エネルギーの観点からは十分に有用であることの理解に主眼をおきます。したがって、ここでは、その効果が顕著であると思われる無煙炭化器（102ページ）を使った調理プログラムをいくつか紹介します。このプログラムは応用すれば災害時にも役立つでしょう。

道具：無煙炭化器、金属スコップ、火ばさみ、ほかの道具・材料は調理内容による

人数：二〇人程度まで

時間：三〜四時間

無煙炭化器を延焼の心配のない安全な場所に設置したら、ありったけの落ち枝を林内から拾い集めてもらいます。その際、焚きつけに使うスギの枯れ葉や松ぼっくりなども拾ってもらうようにしましょう。ある程度、落ち枝が集まったら、着火し、タイミングを見てどんどん落ち枝をくべます。適宜、追加の落ち枝をどんどん運んでもらいます。なるべく多くの落ち枝を燃焼させて、たっぷりの熾火（おきび）をつくりましょう。

●カボチャの丸ごと蒸し焼き（口絵2）

①カボチャを上から三分の一くらいのところで切る
②カボチャの種をくりぬいて捨て、空洞をつくる
③カボチャの空洞の中に、刻んだベーコン、キノコ、チーズを詰めこむ
④①で切り落としたカボチャの上部で蓋をして、濡れ新聞、アルミホイルで包む

⑤無煙炭化器の熾火の中に埋めて、一時間半ほど蒸し焼きにする

●竹筒でのパンづくり

①前夜のうちにパンの生地をつくり、発酵させておく（インターネットなどで公表されている一般的なつくり方を参照）
②竹筒をナタで縦ふたつに割る
③割った竹筒の節と節の間に、生地を丸めて二～三個おく
④竹筒を閉じて針金で縛り、暖かいところに三〇分程度寝かしておく
⑤④の竹筒を無煙炭化器の熾火の上で三〇分ほど焼く

●シカ肉のキーマカレー＊（二〇人分）

①シカ肉二キログラムを三センチ程度の角切りにして、ミンサーにかけてミンチ肉をつくる
②玉ねぎ二〇個をみじん切り（ミンサー使用）あるいはスライスする
③ニンニクひとかけ、それとほぼ同量のショウガをみじん切りにする
④熾火の上で油を熱した鍋（無煙炭化器でできた熾火を七輪などに移すと調理しやすい）に、ニンニクとショウガを入れて、香りが立ったら玉ねぎを加える

図5-6　竹筒で焼くパン

⑤玉ねぎを入れたらよくまぜながら三〇分程度炒める
⑥ローリエ五枚ほどを加えて、さらに一〇～一五分炒める
⑦シカ肉を加えて炒める
⑧肉に火が通ったら、カレー粉大さじ一〇～一二、トウガラシ（好きなだけ）を加えてよくまぜる
⑨トマト缶五缶を入れ、適宜水を加えて調整したのち塩で味を整える

＊この講義では、「森のエネルギー」がテーマとなっているため、森に降り注いだ太陽エネルギーの一つの帰結として獣肉を紹介する観点からシカ肉を使いました（イノシシ肉を使うこともあります）。東京大学のほかの演習林では、猟師さんによる狩猟が行われており、シカ肉はそうした猟師さんに分けてもらっています。

3 癒しの森をデザインする

大学院生を対象に開講していた「自然環境デザインスタジオ」は、学部で建築や都市計画、造園、緑地計画、農村計画、工業製品などの設計をすでに学んだ学生を対象としたプログラムです。この

プログラムは、参加型の自然環境管理・利用に関する基礎的な計画・設計・デザイン・活動手法について、フィールド実習での現場体験を通じて学ぶことを目的としています。

受講生は二〇名ほどで、教員・講師は五名ほどの態勢で実施していました。

この講義には、癒しの森とは何か、癒しの森にはどんな活用方法があるかを考えるうえでとても重要なポイントがたくさん含まれているので紹介したいと思います。ここで紹介する図や写真はクリエイティブ・コモンズ・ライセンスCC BY4.0にもとづいて提供されているスライドを利用しました。2013, 2014, 2015, 2016, 2018 ©NENV DesignStudio,u-tokyo/Contributors,CC BY 4.0

先入観なしに森に関わる

従来の習慣や概念や先入観を取り去って、現代における森と人との関わりを実践をまじえて検証することは「癒しの森プロジェクト」の目標の一つです。それは森と人との関係をデザインし直す行為と言ってもよいでしょう。

先入観なく森と人との関わりを考えるには、反対に聞こえるかもしれませんが、まずは古くからある、もしくはあった、両者の長い関わりを理解することが必要です。先人の知恵を土台とすることで、次の世代の森と人との関係を創造することができます。また、それが現代の社会から乖離したものであっては無意味ですから、森と人との関係をとりまく現代の社会を知り、理解し、現代社会の中に位置づけることも重要です。

自然環境デザインスタジオでは、「癒しの森をデザインする」という課題を設定し、それに取り組むための前提として、自然とのふれあい、自然体験を重視しています。また、その自然体験は与えられた活動を受動的にこなすだけにならないよう、四泊五日という十分な日程をとって、主体的で対話的な学びになる工夫をしています。また、学部で設計について学んでいない学生も、それぞれの知識を生かし、力量に応じてデザインに取り組めるように工夫しています。

「癒しの森をデザインする」という課題について、最終的な成果発表を行うということだけが、学生に課されており、そのテーマは、学生たちが現実の森を見るなかで自ら発見し設定したものになります。現代の人々が森で癒やされるとはどういうことか、そのための森林の持つ物理的・心理的な特性を把握し、利用方法などを具体的にイメージして、現地で調べたり試したりしながら、具体的な「癒しの森のデザイン」を提案することがゴールです。成果発表以外は基本的に自由な時間です。成果発表はスライドを使い、二〇分程度でプレゼンテーションしてもらいます。

スケジュール

この実習では、なかば学生を森の中へ野放しにする時間が多いので、学生各自での安全管理が特に重要です。学生へは前もって備えておかなければならないこと、および危険要因に関する知識について事前に知らせておきます。そして現地に到着したら、いの一番に安全に関することを再度確認します。詳しくは第3章の「森にひそむ危険」（61ページ）をご参照ください。

●森の全容を知る

到着した学生は、まず癒しの森について講師から説明を聞きながら見学・散策し、全容を把握します。富士癒しの森研究所の森は、三時間ぐらいで全体をまわることができますが、およそ四時間かけてゆっくりと散策します。

●食事づくり

野外で料理をつくり、みんなで楽しく食事をすることは、森での野外活動のなかではもっとも楽しい活動の部類に入ります。ほとんどそんな経験のない学生にとって野外料理は存外困難な課題です。まずは体験してもらおうということで、初日の夕食は、経験豊富な講師陣が腕によりをかけて野外料理の技を披露して学生にふるまいます。焚き火とダッチオーブンなどを駆使してインド風チキンカレーとケララカレーとサラダにスープ、デザートにはプリン型で焼くとろーりとした食感のチョコレート菓子ダリオールショコラとカフェラテなど、ありふれたキャンプ料理とは一線を画したメニューで学生を驚かせます。

それを受けて三日目の夕食は学生が主体となって野外料理に挑戦してもらいます。メニューを考え買い出しをするところから学生にまかせるのですが、結局はふつうのバーベキューになることが多いようでした。野外料理の日は夜遅くまで、火を囲んで話しこんで、これもまた森の持つ癒し機能の一つを実感する経験となっているようです。

朝食前に学生を早朝散策に連れ出したり、昼食は気持ちのよい屋外で地元のおいしいパン屋さんで買ってきたバゲットを使ったオシャレなサンドイッチをつくって食べたり、スケジュールのなかには、そうした森林内の活動ならではの楽しみもちりばめられています。

●アイデアを出して取り組みを調整する

二日目の午前中の自由時間のあと、学生には各自で課題に対するその時点での興味やアイデアなどについて発表してもらい、お互いで調整して、グループで取り組むものはグループをつくります。個人で課題に取り組む場合もあります。また一人で複数の課題に関わることも止めてはいません。講師は随時巡回しながら学生とコミュニケーションをとり、状況を常に把握しておくように心がけます。

森にある素材の取り扱い、つまりは樹木の伐採であったり、丸太や木材の加工、枝や木の実の採集や加工、ロープや土、石を使った工作物の作成などについては、受講生の発想やアイデア、計画をよく聞き取り、主体性を損なわないように配慮しながら、安全面であったり、技術的な面、時間内での実現の可能性などを考慮して適切にアドバイスを行います。

アイデアいろいろ

これまで受講した学生たちが取り組んだ数々のプロジェクトのうちのいくつかを紹介します。

えだまり

森には処理の追いつかないほど多くの枝が落ちています。たまるだけでどうにもならないこれらの枝で誰もが気軽に楽しめないか、そして、複雑な器具を使わない遊び方ができないか、と考えました。それが「えだまり」です。

資材と道具：枝たくさん、ノコギリ、剪定バサミ

まず枝を拾います。いろいろな太さ、柔らかさ、長さのものをとにかく手あたりしだい集めます。ただ、腐食していてもろいものは避けます。葉っぱがついている場合は、落として枝だけにします。

次に、骨組みとなる枝を地面に挿しこんでいきます。これには、太くて堅い枝を選びます。骨組みができたら、細い枝も使って枝を編みこんでいきます。ほかの枝にからませるように、少しずつ編みこみます。これ

図 5-7　現地の枝を使ったオブジェづくり
発表スライドの一部

には柔らかい枝を使うようにします。ただ、柔らかい枝だけでは強度が出ないので、時々堅い枝もまぜるようにします。好きなところまで伸ばして、完成です。

森の中にある狭い空間に潜りこむのは不思議と楽しい体験です。中でぼんやりしたり、夜には灯りを入れて幻想的なシルエットを楽しんだり、楽しみの可能性は無限です。

まるぼっくい

森を使いやすくするために、何か道しるべになるものをつくろうと考え出したのが「まるぼっくい」です。間伐した丸太を道しるべとして杭状に埋めるという試みです。

資材と道具：細い丸太（間伐材）、砂利、ハンマー、穴掘り用複式シャベル、バール

手頃な細めの間伐材を一メートル前後の長さに切りそろえ、先をとがらせます。最初はハンマーで地

図5-8　木を地面に挿して、人が乗れるように頑丈に固定するだけでも、試行錯誤が必要だった。発表スライドの一部

面に打ちこんでみたのですが、ぐらぐらしてしっかり固定されないことがわかりました。そこで、穴掘り用の複式シャベルを使って穴を掘り、砂利を入れ、バールで周囲を突き固めることで、人が乗ってもびくともしないようになりました。もちろん杭を渡って遊ぶ遊具としても楽しめます。

ひとりふたりほとり

湖の水音を聴きながら休めるベッドがほしい、湖畔でくつろげる場所をつくりたい、ということから取り組んだのが「ひとりふたりほとり」です。

幸運にも太くて頑丈な二股に分かれた倒木を見つけたことにより実現したのですが、それをベッドに仕立てる方法がユニークで、でも、誰でも真似できそうなので紹介します。完成まで二日間を要しましたが、じっくり楽しみながら取り組めるものづくりです。

資材と道具：頑丈な倒木、麻ひも一〇〇メートル以上、ノコギリ

見つけた二股の枝を持つ倒木を希望の敷地に移動させ、いらない枝を落とします。

二股の間をベッドにするために、麻ひもを格子状に巻きつけていきます。

ベッドのまわりの低木などをかたづけ、景観を整えます。地面からちょっと離れることで、風通

しや見通しもよく、地面に直接寝転がるよりも快適に森林内でくつろげます。

図 5-9　倒れていた木を、当初考えた場所に移動したかったが、ロープウインチ（92 ページ）を使っても重すぎて希望の場所に移動できなかった。そこで、倒木のある場所の周辺をかたづけ整備してくつろげる空間にした

くーぐる

森の魅力は、上を見るだけでなく、地面を見ることでも発見できると気づいた学生たちのアイデアです。これを使う人が地面を見ることになるように、くぐってもらえるものをつくろう、という

ことから生まれました。

資材と道具：落ち枝、麻ひも

歩道を歩いている人の目に留まり、くぐってくれることをねらって、道ぞいに設置できそうな場所を見つける。くぐる人がちょうど地面を見ることになるようなサイズに調整し、落ち枝を地面に突きさして、麻ひもで結び、アーチ状にする。アイデアはおもしろいのですが、でき上がった見た目はなにか罠のようでもあり、はじめて見た人がはたしてくぐってくれるでしょうか？

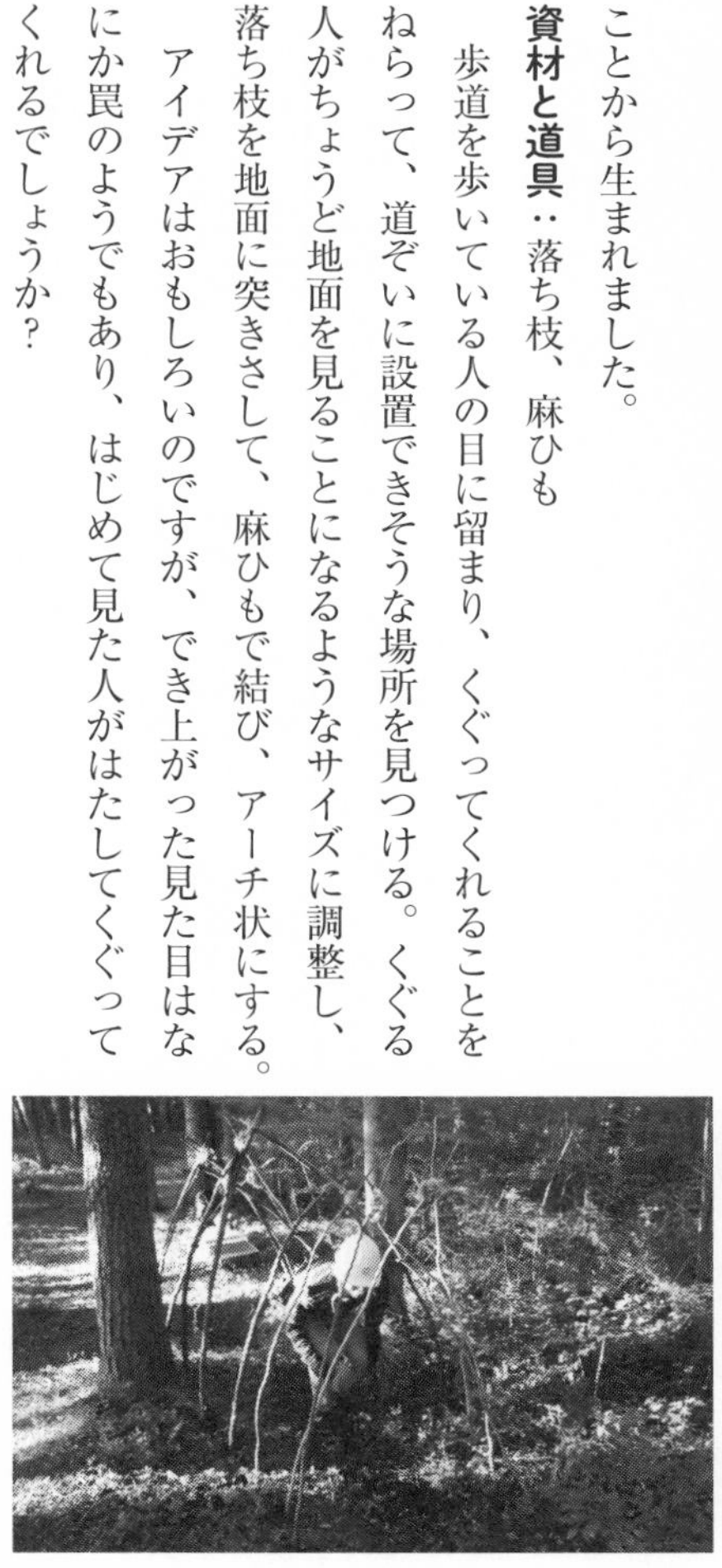

図5-10　くぐることで自然に地面に視線がいき、ふつうに歩いていては気づきにくい森林の地面の様子を見てもらうオブジェ。製作した「くーぐる」を実際にくぐっている様子

Gym. こもれび

森の中でトレーニングをしてみたら気持ちよいのでは、というアイデアを実現しました。立っている樹木や、枝のしなる力を利用したトレーニング器具を発案し、現地に設置しました（**図5-12**）。すべての器具のつくり方はここで紹介できませんが、工夫しだいでさまざまなトレーニング器具ら

しきものが作成できます。間伐木は樹皮をはいでつるつるにしておくと、虫が入って穴を開けることもなく、握ったときの手ざわりがよくなります（図5-11）。間伐木をいろいろな用途に活用する場合は、皮をはぐことがまずは必要な作業になります。

資材：間伐木（直径一〇センチ程度、皮をはぐ）、樹皮はぎ、ロープ、ロープワークの解説本

完成した作品：自然のままの森を利用した、森の中のジム全一〇種類のトレーニング器具（プッシュアップ・懸垂・デッドリフト・ラットプルダウン・

図5-11　樹皮をはぐ道具。じゃがいもの皮をむく道具の巨大版で、丸太の皮をきれいにはぐために使う

木材を木の枝にぶらさげる

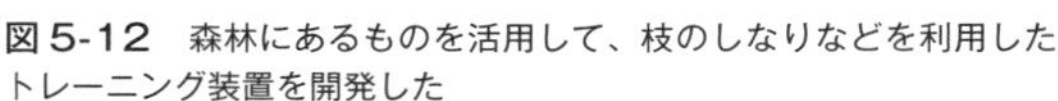
図5-12　森林にあるものを活用して、枝のしなりなどを利用したトレーニング装置を開発した

エルゴ・鞍馬・肋木（ろくぼく）・ロープクライム・バッティングティー・ストラックアウト）

森林の中でトレーニングするのは快適で、思ったよりちゃんと負荷がかかる運動ができました。耐久性には問題があり、長期間設置したままにすることはできませんでした。

The Healing Pit “Yes, We Dig”

森林内の散策路の折り返し地点にシンボリックな空間を創出する、風景の箸休め、調和の中の特異点をつくり出す、という目的で、地面を掘ることと、現地で調達可能な材料だけを使って園地をつくりました。散策路の中間点になる場所に、開けているけれど藪（やぶ）になっていた場所があったので、倒れていたシラカンバの枯れ木を同じサイズの丸太に切り、地面を掘って丸太を敷き詰めました。藪を刈

図5-13　穴を掘って、地面を整地し、シラカンバやカラマツの倒木を丸太にしたものを並べて空間を演出している

り払い、地面を掘って整地し、丸太を並べるのは疲れる作業だが、没頭するとむしろ快楽となる、と楽しそうに発表してくれました。後日インターネットの地図サイトで航空写真を見ると、地面に並べたシラカンバの丸太が見えることがわかり、つくった学生たちが喜んでいました。

浮庵 fuan

のんびり過ごせる場所、大きいものをつくりたい、視点を変えて森を見る、というコンセプトで作成した、空中に浮かぶ網状の床です。

資材と道具：間伐木（直径一五センチ程度、皮をはぐ）、樹皮はぎ、ロープ各種、アイボルト（直径一〇ミリぐらいの太いボルトにロープを通せる輪がついているもの）、

図5-14　のんびり過ごせる、大きなもの、視点を変えて森を見るというコンセプトでつくったロープで浮かす網状の床

シャックル（ロープを留める金属の輪）、電気ドリル

空中に浮かぶ網状の床は、丸太をロープワークでしっかり四角に組んで、黒くて細いＰＰロープでつくりました。黒いロープは屋外だと、目立たず透けて見えます。四隅にシャックルを結びつけて、ＰＶロープを通し、四本の樹木を使ってぶら下げています。樹木には一〇ミリの下穴をドリルで開けて、アイボルトを固定し、ロープをかけています。四人でロープを引っ張り上げて高さを調整します。

四人ぐらい乗ってもびくともしないものができました。

寝転がると空中に浮かんでいるような感覚で、頭上の樹木の枝葉、木もれ日をリラックスして楽しむことができました。

あめおと

雨の音に注目し、雨の日が楽しくなる作品をつくりました。

この年は天気に恵まれず、期間中最終日以外はずっと雨模様でした。すると、雨の森林を楽しむ方法を考えた作品が生まれました。

資材と道具：剪定バサミ、枝たくさん、屋根にする波板一枚、麻ひも

柱になる長めの枝を何本か地面に挿して、その柱にそうように地面に置いた枝とロープで結えて固定します。柱に編みこむように枝を入れて壁をつくると完成。

波板をいちばん上にのせると、雨の日に一人で森の中にたたずみ、雨の音を楽しむことができる場所になりました。

壁に葉のついた枝をたくさん挿すと、鳥を観察するカムフラージュ小屋にもなります。

図 5-15　現地調達の枝だけでつくった小さな小屋。雨の日でも森林内を楽しめる。雨音を聞いたり、鳥に気づかれないように近くで観察したり。発表スライドの一部

簾簾幽席（れんれんゆうせき）

森の中に細いひもをかけて、カラフルな布や紙をぶら下げるだけ、そんな作品です。森の中に突然アートな空間が生まれていました。

資材：細いひも、さまざまな布や紙など思いつくもの

「多くの生き物が生息し、人々を魅了する森林環境。かたい人工物とは異なり、繊細で変化に富む自然を認識することは難しい。

しかし歩みをとめ、たたずみ、五感を使ってみると、そこにあるものが見えて来る。そんな空間を提案したい。

広大な林内に微かな人工物を設置し、人の気配を作る。紐に紙・布・傘などを自由に吊るし、自分好みの空間を構築する。自然の一部を木々やほかの生き物から二、三日だけ間借りした、刹那的空間。傘一本を支えるのがやっとな見えないほどに細くて弱い糸。立ち止まって、自然をみる。選択性のある空間をつくる。

森林には多様な要素が現れている。五感を使ってそれらを感じることで、私たちは自然の文

図5-16 細いひもをかけて、そこに布や紙をぶら下げて空間をつくる。思い思いの自分の場所づくり。発表スライドの一部

脈の中で生きていることを思い出す。

自然に触れ、感知することを、まるで純粋な子供のようにたのしむ空間。それが私たちにとっての癒しの森である」（学生の発表スライドから引用）

くもの巣迷路

森の中に遊べる迷路をつくることで、参加者に歩きまわってもらおうというコンセプトの作品です。植栽列がそろっている人工林を活用し、仮設の迷路をつくる方法を開発しました。

資材と道具：細くて黒いＰＰロープ、林内整備用の道具（トビ、剪定バサミ、ノコギリなど）

植栽列のそろった人工林を利用してロープを張ることで迷路を作成します。

●場所の決定と調査　範囲内のすべての樹木の状態を調査し、かぶれる有毒植物のツタウルシ（64ページ）がからんでいないかチェックします。ツタウルシがからんでいる木は迷路に使いません。

●ＭＡＰの作成　パソコンで地図を作成します。きれいに植栽列がそろっていればエクセルなどで地図をつくることができます（**図5-17a**）。

●ルートの作成　地図を印刷して、木と木をつなぐ線を書き入れて迷路を作成します。

図 5-17　植栽列のそろった人工林を活用した作品(a)。林内を歩きやすく安全にかたづけて、黒いロープを迷路状に張りめぐらせて遊ぶ。細くて黒いロープは、近づいて見ないとわからないので、迷路は案外難しくなった。設置と撤去が簡単なように、ロープを10m ほどの長さに切ってその先に小枝を結んである。木に巻きつけて簡単に設置、撤去ができた(b)。発表スライドの一部

●足場の整備　草や倒木などの障害物を除去します。落ち枝を拾って、倒木は玉切りし、まとめて迷路の枠線に合わせてそろえます。枯れて倒れる危険性のある木は前もって伐採する必要があります。伐採は、技術を持った方にお願いします。

●ロープで枠張り　迷路の設計図を見ながら、一メートルの高さにロー

プを張ります。黒くて細いロープは、近くまで行かないとよく見えないので、迷路の見通しがきかず、案外と解くのが難しくなりました。

ロープは一〇メートル程度の長さに切りそろえておき、両端に小枝を結びつけておきます。樹木の幹にロープをくるっと巻きつけて、小枝でとめました（図5-17b）。

遊び終わってロープを撤去したあとの森林は、足元がすっきりとかたづいて心地よい空間になっていました。

全緑疾走——森のスリルを体験せよ！

足元ばかり気にすることなく全力で森の中を走ってみたらどう感じるのだろう？　そんなコンセプトの作品です。

資材と道具：看板をつくるための板、剪定バサミなど

スリルを感じてもらうためには、「全力で」走ってもらったほうがよいと考え、「道の名前と目標タイムを示す看板」を作成してスタート地点に設置しました。

スタートとゴールの目印となる輪切りの円板を地面に埋め、障害物を気にせず全力で走ってもら

えるように、じゃまになる枝や足元の草などもきれいに除去しました。

適したコースを設定するために、森の中をいろいろと歩きまわって、全速力で走って、楽しく、安全で、適度にスリルのある場所を見つけだす必要があります。

よい場所を見つけ、試走し、検討する過程そのものが、森をよく観察することにつながり、単純で製作のための作業量も少ない作品でありながら、森とじっくり対話し、そして体も動かすというよくできたプログラムです。

実際に走ると森の中を飛んでいくような不思議な感覚もあり、想像以上に楽しめました。

図 5-18　足元ばかり気にすることなく全力で森の中を走ってみたらどう感じるのだろう？　そんなコンセプトの作品

4 癒しの森を使った音のワークショップ

東京大学の一・二年生を対象に開講していた全学体験ゼミナールの一部として行っていた、癒しの森を活用した音のワークショップを紹介します。

自然環境と言うと、目に見えるものを意識しがちですが、音も大事な要素です。私たちが身をおく場所の印象に影響する音環境、いわば「音の風景」をサウンドスケープと言います。このプログラムは、自然環境におけるサウンドスケープの重要さに気づくことを第一のねらいとしています。そして、自然界には多様な音源がひそんでいることや、音から得られる印象はじつに多様なものとなる可能性を感じてもらいます。

資材と道具：〈パターン1〉ドリル、麻ひも、麻袋など
〈パターン2〉A3判のケント紙ボード、水彩色鉛筆

人数：一〇人くらい

時間：三時間くらい

安全上の注意：木工道具に慣れていない参加者には、スタッフが目を配る必要があります。

●パターン1

森で拾える材料（木の実、枝、落ち葉など）を集め、各自で自由に音の出るものを作成します。麻ひもやドリルなどを使って加工してもいいです。みんなでそれを持ち寄り、いっせいに鳴らしてみましょう。お互いの音を聞きながら、自分の音を探るような、自然発生的な音楽が生まれます。

●パターン2

自然環境の中で、ケント紙のボードと色鉛筆を持って四〇分程度の時間を過ごしながら、その場所の音の風景を想起する描画を作成してもらいます。風景画のようになってもいいし、抽象的な模様でもいい、記号や文字が書いてあってもかまわないという指示で、ルールは、紙の上に描くことで表現するということだけ。その後、参加者全員で丸くなって内側を向いて座り、それぞれの作品を隣の人にまわして、最終的にランダムにほかの人の作品を手にするようにします。そして、一人ずつ順番に手元にあるほかの人の作品を、美術館の学芸員のように解説してもらいます。その際、「〜だろう」「〜かもしれない」などの推測する言葉を使うことは禁止し、必ず断定的な言葉で解説をするよう指示します。自分の手を離れた平面表現がどのように解釈され受け取られるのかを体験することで、表現しようとした音の風景について、改めて強く意識して考える機会になります。

第6章　山しごとをイベントに

山しごとを楽しむ。これは、「癒しの森プロジェクト」の大事な要素の一つです。癒しの森を周囲の人に知ってもらい、集まった人々と癒しの森をつくるために、これまで私たちが行ってきたさまざまなイベントのなかから、一般の方々や子どもたちを集めて行う活動として活用できそうなプログラムを紹介しましょう。

どのイベントも好評で、参加者には森を知る楽しみや、使う技術、共同作業の楽しさを知ってもらえる絶好の機会となりました。

なお、これらのプログラムは実際に森林内での作業となりますので、基本的に、ヘルメット、軍手（革手袋）などを着用し、安全対策を万全に講じる必要があります（78ページ）。

柴刈りと柴垣づくり

森の景観で気になるものの一つに、視界をさえぎる「藪（やぶ）」があります。もっとも手っ取り早いのがエンジン式の刈り払い機で一気に刈り払ってしまうことです。かつての「柴刈り」にあたりますが、それは刈り取った柴を大事な燃料や肥料源として使用することが目的でした。今はそのような利用はされないので、たいがい刈り払われた灌木(かんぼく)類は森の中に散乱したままになり、あまり見た目によいものではありません。そこで、刈り払った低木も森の景観演出に活用しようというのが柴垣づくりです。これは、イギリスで伝統的に行われてきた編み垣(hurdle ハードル)を参考にしています。

道具：ノコギリ、ナタ、木槌(きづち)、軍手

時間：三～五時間

作業手順：まずは柴刈りを行います。かつての柴刈りは鎌やナタを使って行われましたが、扱い方に慣れていないとケガをする恐れがあり、また、斜めになった鋭利な切り口が靴の底を突き刺す危険もあります。少し時間はかかりますが、ノコギリを用いて柴刈りをしましょう。

杭に使えそうな太めの灌木が二〇～三〇本確保できたら、柴垣をつくる作業に移ります。杭

図6-1　柴垣づくり
藪も柴刈りしてひと手間かければエクステリアに編み物感覚で楽しめる

にするために刈り取った灌木のなかから太いものを選んで長さ一メートル前後に切りそろえ、地面に埋めこむ部分をノコギリを使って斜めにとがらせます。そして杭を三〇センチほどの間隔で五～六本ずつ二列に地面に打ちこんでいきます。列の間隔は五〇～六〇センチくらいとします。打ちこむには面の大きな木槌を使うといいでしょう。

杭を打ちこんだら、編みこみをします。なるべくまっすぐに伸びている灌木を選んで、枝葉をナタで落として一本の細い棒にします。これを一列に並んだ五～六本の杭の左右を互い違いに通るように編みこんでいきます。この編みこみ用の棒は生木であることがポイントです。枯れ木だとしなやかに曲がらずにポキンと折れてしまいます。

編みこみが終わって衝立（ついたて）のようになったら、二つできた衝立の間に、刈り取った雑多な柴を詰めこんででき上がりです。

きれいな柴垣をつくるには、刈り取った柴を適切に選別することが肝心です。太いものは杭用に、まっすぐな棒が取れないようないびつな形をしたものは最後の詰めこみ用に取り分けておくとよいでしょう。編みこみに使う柴も、長さや太さに応じて整理しておくといいでしょう。

安全上の注意：柴を刈るのはナタを使ったほうが早いのですが、刃物をふるう動作になるため、慣れていない人にとっては危険度の高い作業です。また、刈ったあとには、斜めにとがった根元が残る点でも危険です。多少時間はかかりますが、ノコギリで刈り取るのが無難です。刈り取った柴を集めたり、切りそろえたりするときには、まわりに人がいないことを確認しながら作業します。近くに人がいて、ふりまわした柴で目を突いてしまう、などの事故が起きかねません。

楽しみ方：柴垣づくりで楽しいのは、なんと言っても編みこみ作業のときです。刈り取った柴によって長さや太さが違うので、使う順番や、枝先をどちらの方向に使うのか、などをみんなと話し合いながら進めるといいでしょう。きれいな「編み物」に仕上がると、きっと大きな満足感が得られるはずです。

二列の「編み物」ができたら、その間に雑多な柴をぎゅうぎゅうに詰めこむようにしてみましょう。あふれるくらいに入れて、その上に乗っかって押しこむと、独特の浮遊感が味わえます。

下草刈りと芝刈り

森林内の草は、初夏を迎えると高さが一メートル近くなるものがあり、時として目ざわりになったり、通行を妨げたりします。そうした場合には、下草刈りが必要になります。下草刈りは、かつては樹木の苗を植えたあとに行う辛い作業の代表でしたが、それを楽しんでしまおうというのがこのプログラムです。

芝生地を構成するのは、ノシバというイネ科の草を中心として、匍匐(ほふく)型やロゼット型といったシロツメクサなどのような地表近くに這いつくばる生活型を持つ背の低い植物です。こうした観察もふまえて作業を体験することで、頻繁な「芝刈り」が、芝生の維持管理のために必須であることに気づくようになります。

道具：下刈り鎌、乗用芝刈り機、軍手

時間：一～二時間

作業手順：下刈り鎌は単にふりまわすだけではちゃんと草を刈ることができず、また危険でもあります。鎌の刃が草の茎をスライドしながら切るようにすると、簡単に切れます。そうしたイメージを

図 6-2　下草刈り(a)と芝刈り(b)
伝統的なローテクな手法と現代技術を体験してもらうことで、それぞれの長所と短所を考える

持ち、斜め手前に鎌を引くような動作を確認しながら作業に臨むようにします（図6-2a）。

乗用芝刈り機は特にコツはいりません。前進の仕方や止まり方など、まずは基本的な操作を十分に理解することに集中して取り組みます（図6-2b）。

安全上の注意：下刈り鎌は鋭利な刃物がむき出しになっているため、取り扱いには注意が必要です。柄が長いので山を歩くときに杖にしてしまいがちですが、決してそのように使わないでください。何かの拍子で手を切ってしまう事故が発生します。また、草刈り作業の最中には、近くに人がいないことにも注意を払う必要があります。

乗用芝刈り機は、強力な動力を持っています。芝刈り作業をしないときには、こまめにエンジンを切るようにします。また、斜面になっているところでは、横転する恐れがあるので、斜面に対して横に進まないように注意します。

楽しみ方：下刈り鎌を使った作業は、人によっては没頭できる仕事のようです。鎌の切れ味に神経を集中しながら、時々作業の跡をふりかえってみると、充実感や満足感が味わえるでしょう。

乗用芝刈り機を使う作業は、頭の中で走行プランを立てながら進むと楽しいかもしれません。隙間なくピッチリと、そして効率よく芝刈り機を走らせるのは、一種のゲームのようでもあります。また、少し時間に余裕があれば、大地に絵を描いていくように芝刈りをする遊びがあってもいいかもしれません。

堆肥づくり

紅葉が終わると、林内には落ち葉が降り積もります。これを集めるのが落ち葉かきです。森林を管理するうえで必須の作業ではないものの、そうすることによって、種から発芽した稚樹の大部分が引き抜かれ、地表で光合成を行うコケにも常に日光が当たるようになります。藪（やぶ）になるのを防いだり、地面がコケで覆われている場合にはそれを維持したりするために有効です。

広い面積から落ち葉をかき集めると大変な量になります。これを一カ所に集めて堆積し、自然の発酵に委ねると、やがて堆肥となります。できた堆肥は、畑で使えるほか、カブトムシの幼虫の住まいにもなります。

道具： 熊手、てみ*、ノコギリ、ナタ、木槌、軍手

時間： 一～二時間

図 6-3　落ち葉から堆肥をつくる

落ち葉をぎゅうぎゅうに圧縮する作業は楽しい

作業手順：熊手、てみなどを用いて落ち葉を集め、堆積させる予定の場所に運びます。柴垣づくりの要領で、落ち葉を詰めこむ枠をつくります。枠の形は自由ですが、四角形がもっともつくりやすいでしょう。枠ができたら、落ち葉を大量に放りこんで、足で踏みこむだけです**（図6-3）**。あとは放置して、半年もするとすっかりかさも減り、良質な堆肥ができ上がります。

安全上の注意：気をつけるのは、落ち葉を詰める枠をつくるときです。柴垣づくりの項（186ページ）を参照してください。

楽しみ方：集めてきた落ち葉を厚く積み上げれば、ふかふかのクッションになります。落ち葉のベッドに寝転んでみるもよし、落ち葉のプールでもがいて遊ぶのも楽しいです。最後に落ち葉を圧縮するのも、独特の浮遊感が味わえて楽しいでしょう。

＊　大きなちりとりのような道具。本来は竹の編み物ですが、今はプラスチック製のものが一般的で、ホームセンターなどで買えます。

落ち葉焚き

研究所の敷地内のアカマツ林を、人が落ち葉や落ち枝を集めて肥料や燃料に使っていたひと昔前の景観（下層植生のない見通しのよいアカマツ林）の見本林にしておきたいとの思いから、二〇〇七年頃より落ち葉焚きを行っています。
　定期的に落ち葉を熊手で一カ所にかき集めて燃やすことにより、下層植生や稚樹は引き抜かれてほとんど育たず、分解して養分になるはずの落ち葉を取りのぞくため林床は貧栄養な状態に維持されます。私たちの森では定例の行事として定着し、年末の事務所まわりの大掃除と称したイベントとして、一二月下旬の休日に開催しています。学生に焚き火を体験してもらう機会にもなっています。

道具：熊手（できれば金属製）、竹ぼうき、てみや集草袋など落ち葉を運ぶ道具、ブロワー（電動の送風機）、一輪車、マッチ、火の粉がかかっても悔いのない服装、革手袋など

時間：半日〜一日

作業手順：まず、落ち葉を焼く場所を定めます。上方の木の枝や周囲の枯れ木など延焼する可能性のあるものがないか、よく確認しましょう。安全な場所を定めたら、直径五メートルくらいの範囲はしっかり落ち葉をかいて、燃えやすいものがない状態にしましょう。これがのちに防火帯として機能します。この間、手のあいている人がいたら、落ち枝集めをしてもらうとよいでしょう。うまく落ち葉焚きをするコツは、最初に枝を燃やすことです。落ち枝が集まったら、真ん中で、落ち枝での焚き火を始

めます。焚き火のやり方の詳細は『焚き火大全』（吉長ほか、二〇〇三）を参考にしてください。集めてきた落ち枝を燃やして十分な熾火ができたら、いよいよ落ち葉の出番です。あとはめいめいに集めてきた落ち葉をどんどん焚き火に振りかけていきましょう。ただし、すっかり覆ってしまうと、空気が通らなくなってくすぶってしまうので、ときおり金属製の熊手で落ち葉をよけて、熾火を出してあげるとよいでしょう。ブロワーで空気を強制的に送りこんでも、火の勢いを強めることができます。

安全上の注意：焚き火をするときには火の扱いに注意することが第一です。ふつうの軍手や手袋では飛び散った火の粉が生地を溶かし、それが皮膚について火傷することがあります。革の手袋を着用するようにしましょう。また、自治体によって規制の内容が異なりますので、お住まいの地域の条例や決まりを確かめましょう（日本焚火学会のウェブサイト記事「焚火と法律」を参考に）。

焚き火をすることを事前に消防署へ連絡し、消火は職員が責任を持って行い、完全に火が消えたことを確認します。

また、事前にツタウルシ（64ページ）はできるだけ排除し、うっかりさわったり燃やしたりしないように参加者に説明します。

楽しみ方：焚き火は公然と火遊びのできる貴重な機会で、子どもから大人まで楽しめます。寒い一二月に汗をかきながら無心に葉っぱを集めて火にくべ、盛大に炎があがるのを楽しみます。みんなでわいわいといっしょに働くのも楽しいです。また、このイベントでは、落ち葉焚きが一段落ついたところでお待ちかねの炭火料理が登場します。料理の得意な職員が準備する、熾火でじっくり焼いたさつまいもやカボチャの丸ごと蒸し焼き（162ページ・口絵2）、肉などなど……作業のあとの空腹にはたまりません。このイベントは、アカマツ林の景観を維持するという当初の目的を達成しながらも、職員とその家族やお世話になった方々とのこのうえない親睦の機会となっています。また、一度も焚き火を体験したことのない学生にも大好評……まさに、一石で二鳥も三鳥も得られる企画です。

フットパス de 森づくり

地域の自然や文化を生かした、歩くことを楽しむための道「フットパス」を、地域住民のアイデアと労力を持ち寄ってつくる活動が日本各地にあります（神谷、二〇一四）。自然豊かな山中湖にも「フットパス」があると地域の方々が楽しめるだけでなく、訪れる人にも魅力となり、地域の活性化にもつながるのではないか？との思いから、体験型公開講座を開催しました。

フットパスの概要と可能性について紹介したのち、森を楽しむためのフットパスをつくる想定で、実際に必要な環境整備作業を体験してもらいます。参加者はまず、どのように道を通すか話し合い、歩行の妨げになる灌木や落ち枝などを取りのぞきます。灌木や落ち枝はチッパーにかけて道に敷き、また、倒木を使ったベンチづくりなどを行い、二時間で約三〇メートルの区間を整備しました。山中湖村は観光業や農業が主な産業なので、地域の方々が比較的時間に余裕があると考えられる一二月に開催しました。

道具：ノコギリ、チェーンソー、チッパー、熊手、てみ、簡易製材機など

時間：半日〜一日

作業手順：まず、道をつくるルートをみんなで確認します。ルート上の通行の妨げになる灌木は、ノコギリを使って柴刈りをします。刈り取った灌木や、熊手で集められるような小さな落ち枝、ルートの周囲にある落ち枝のうち細い部分はチッパーで砕いて、道の敷材に使います。チッパーにはかけられない、おおむね直径五センチ以上の太めの落ち枝は、道の両側に並べて道の演出をしてみてもよいでしょう。太めの倒木があれば、簡易製材機で半分に割って休み処のベンチとして使えます。

安全上の注意：それぞれの作業の過程で参加者同士が近づきすぎないように、少なくとも一人は全体の進行を把握し、適宜声かけをするようにします。冬の作業なので防寒対策も必要です。

楽しみ方：参加者には、協力してフットパスをつくることのおもしろさ、フットパスを歩くことの楽しみを体験してもらえました。また、簡単な森林整備の方法を知ってもらうことができました。私たちの研究所としてはこの体験はその後、フットパスに関する公開講座やワークショップの開催にもつながりました。さらにこのあと、地域住民によるフットパス勉強会が立ち上がり、定期的に山中湖村でのフットパスづくりについて検討したり、各地のフットパス関係者との交流を行ったりするようになりました。

癒しの森の植生調査隊

「癒しの森プロジェクト」の研究では、手入れの仕方の違いで森の癒し機能がどう違ってくるのか？などを実際の森を使って検証します。三つの区画を設け、間伐なし、弱度間伐（およそ二〇パーセント）、強度間伐（およそ六〇パーセント）の手入れを行い、その後数年間にわたって植生調査をする予定です。私たちは地域の方々にも森を調べる楽しみを知ってもらいたい、長期間に及ぶ定期的な植生調査に協力していただきたい、調査を通じて森林景観の変化をいっしょに見守ってもらいたい、との思いから、二〇一五年から地域住民といっしょに年一度の定期的な植生調査を行っています。植生は季節によって変化しますが、この調査は長期間のモニタリングを目的としているため、毎年同じ時期（九月）に同じ方法で行っています。

道具：半径一メートルの枠、野帳、筆記用具、赤白ポール、デジタルカメラ、方位磁石、フィールド図鑑

時間：半日（三時間程度）

作業手順：半径一メートルの枠を固定観測ポイント（それぞれの区画に九カ所設置し、目印の杭を打ちこんでいます）にあてはめ、その中にある植物の種類、被度（どれほどの面積を覆っているか）、最大高さを記録し、樹木については、生えている位置を見取り図に記録します。

安全上の注意：林内活動の安全確保の基本

楽しみ方：たった半径一メートルでも、植物に詳しい人といっしょに注意深く観察すると三〇種以上が生育していることもあり、種多様性の高さに驚きます。森の手入れの仕方の違いで、林床に生

図 6-4　市民参加の植生調査隊による森林調査

弱度間伐をしたのち１年目（左）と５年目（右）の様子

林床にある植物の背丈は伸び、種類も変化した

える植物の様子がずいぶん違ってくることを実感できます（図6-4）。例えば、強度間伐を行った調査区ではカラマツの実生（みしょう）が確認でき、よほど明るさが確保できないとカラマツは芽生えてこないことがわかりました。また、生まれたてのカラマツをまじまじと観察する機会にもなりました。植物に詳しくない人も、いっしょに調査していると植物について自然にわかるようになります。

薪原木の競り売り

森林管理のなかで生じる間伐木を必要としている人に届けるなど、有効活用することを考えた場合、間伐木を扱いやすい大きさに切り分け、運び出す手間を森林所有者・管理者側が負担できないことがふつうです。間伐した木をそのまま置いておく「切り捨て間伐」は、主にこうした事情で起こっています。そこで、山しごとに興味のある薪ストーブユーザーなら、その手間を自分たちで負担してでも喜んで木材を運び出す可能性があるのではないか、また、そのうえで森林所有者・管理者に対価の支払いもありうるのではないか、ということで、イベントとして薪原木の競り売りを試みました。これは、間伐木を有効に活用し、森林環境を整備する仕組みを模索するための社会実験もかねていました。

本来は、薪ストーブユーザーが伐倒された間伐木をその現場で使いやすい大きさに玉切りして持ち出すことが理想なのですが、さすがにいきなりそれは危険すぎます。間伐木のうち薪材として使えそうなものを集め、なるべく安全が確保できるように、長さ二メートルの丸太にそろえ、椪（はえ）（丸太を並べて積んだものをこう呼びます）にしたところから、薪ストーブユーザーの手間で持ち出してもらうことにしました。

社会実験としては、販売会を開催して競り売りし、薪利用者に対する薪原木販売の可能性や販売価格、樹種や原木の太さの好みなどを調べました（図6-5a）。その結果に興味のある方は、齋藤ほか（二〇一七）を参照してください。ほかにも、地域の薪利用者同士の交流や情報交換の促進も意図していました。そこで、地元の人によるチェーンソー目立てサービス（有料）やチェーンソーについての相談会、研究所のスタッフによる薪の乾燥方法や樹種についてなどのミニレクチャーと質問コーナーを設け、薪利用者同士が交流できるようにしました。

二〇一四年一一月に間伐したカラマツやブナなどを長さ二メ

図6-5　薪原木の競り売り

a. 競り人も買い手も楽しめるイベントになった

b. 参加者はそれぞれに落札した原木を搬出する

ートルに切りそろえ、一立方メートルに積んだ椪を一単位とし、二〇一五年の一月、四月、六月と三回に分けて競り売りを行いました。これにより、準備した原木（約三〇立方メートル）はほぼすべて販売できました。

落札者がどのように原木を搬出するのかも調査項目でした。ワゴンタイプやSUVタイプの乗用車に積みこむために、原木は多くの場合その場でチェーンソーやノコギリで切ることがわかりました（図6-5b）。トラックを持っている人は長いまま搬出している場合もありました。

準備：各椪を、落札者が玉切り作業をし、車を横づけして積みこむのに十分な間隔をあけて配置します。入札者番号を記載した札も用意しました。原木購入希望者には、各自ノコギリやチェーンソー、運搬用の車を準備してもらうように伝えました。

道具：拡声器、ハンドベル、入札者番号を記載した札

時間：競りは三〇分程度、積み出しは終日

作業手順：参加者には受付時に入札者番号を割り当て、その番号の札を配布しました。入札は、まず競り人が一椪ごとに横にビールケースのお立ち台を設置して上がり、その椪に含まれる木材の特徴（太さや節の有無）を説明します。競り人は、一〇〇〇円から始めて、テンポよくだんだん高い値段をコールしていきます。落札後の搬出作業に十分時間を使ってもらうために、一椪一分以内で終わらせるように心がけます。購

入意思のある参加者は、自分の番号札を持って挙手しておき、その値段では買わない、と思ったら手を下げてもらいます。競り人は「六五〇〇円、どうでしょうか。今あがっているのは三番さんだけです。ほかにございませんか。では、三番さんが六五〇〇円で落札です」などと競りを締め、合図の鐘を鳴らし、次の椪の競り売りに移ります。

安全上の注意：チェーンソーや刃物の扱いに注意し、危ない使い方を見つけたときにはアドバイスをしました。重量物の運搬の際は無理をしないで、参加者同士が互いに協力して搬出するように促しました。

楽しみ方や成果：競り自体をゲーム感覚で楽しめました。主な落札者は別荘住人などで、安価で薪原木を購入できたことに満足してもらえたようです。移住してきた人たちは安定的な薪の入手ルートがないこと、薪利用者同士や地元の人々との交流がほとんどないことを再確認しました。このイベントでは、薪利用者同士や、地元のベテラン薪利用者との交流の機会を提供することができ、地域の薪利用の可能性についての貴重なデータが得られ、地域で薪利用を促進するためには何が必要なのか知ることができました。

薪づくりのための安全作業講習会と間伐木の搬出

前の項で紹介した薪原木の競り売りでは、私たち（森林所有者）があらかじめ間伐木を林内から引き出し二メートルに切りそろえて土場に並べる必要がありました。薪利用者が間伐木の引き出しから行うことができれば、森林所有者はより気軽に間伐木を提供でき、薪利用者にとってもメリットがあると考えられます。そこで、薪利用者向けに薪づくりのための安全作業講習会を開き、作業と安全確保について学んでもらったうえで、協力して薪原木を引き出し、後日持ち帰ってもらう企画を立てました（**図6-6**）。間伐木を有効に活用し、森林環境を整備する仕組みを模索するための社会実験第二弾です。

安全作業講習会では、林内作業における安全確保全般についてのレクチャーに加え、特に間伐木の引き出しと、玉切り作業についての実習を行いました。参加者は共同で間伐木を林道脇まで搬出し、後日、現地で玉切りをして持ち帰ることができます。希望があれば薪割り機を貸し出すことにしました。

道具： トビ、木材トング、ポータブルロープウインチ（92ページ）などの搬出作業に必要な道具。チェーンソー、ノコギリ、運搬用の車などは参加者に準備してもらう。

時間： 半日（三時間程度）

安全上の注意：木材搬出と薪づくりのための簡易な安全作業テキストをつくり、これに従って、講習会の冒頭で注意事項を解説しました。このとき取り上げた項目は、①作業に入る前の準備、②木材を搬出する際の安全確保、③玉切りをする際の安全確保、④薪割りの際の安全確保、⑤その他（危険な生物）です。個別の安全確保の内容は、第3章をご参照ください。

楽しみ方や成果：重い間伐木を搬出するには複数名で協力し合う必要がありますが、初対面の参加者同士が自然と役割分担して息の合った仕事をしていました。具体的な作業の方法や技術のみならず、間伐とは、山しごととはどのようなものかなどを知ってもらうことができ、参加者同士が交流し、共同作業の楽しみも感じていただけたと思います。予測していたより多くの参加者（計二六名）があり、立木から薪をつくる作業に対する関心の高さがうかがえました。地域の薪利用者は、技術や機会さえあれば、間伐木の有効活用に積極的に関わる可能性が高いことがわかり、地域内での循環的な森林利用や森林環境整備につながる期待の持てるイベントとなりました。

東京大学富士癒しの森研究所

木材搬出作業会＆薪原木提供のお知らせ

こんな方へお勧めです。
- ▶ 安全な山仕事を学びたい
- ▶ 体を動かしていい汗をかきたい
- ▶ 薪の原木が欲しい

木材搬出作業会

日時：12月7日（月）および9日（水）
いずれも9:30集合、15:30解散
参加申込：不要。直接集合場所に自家用車等でお越しください。
内容：①安全作業に関するミニレクチャー、
②機械（ロープウインチ）を用いた間伐木の搬出

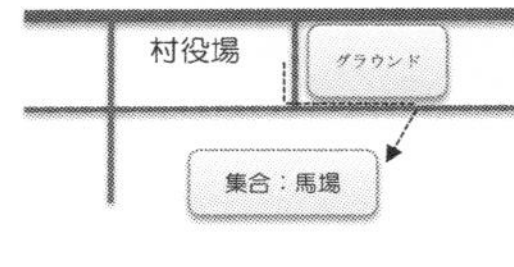

集合場所：富士癒しの森研究所馬場
その他：作業できる服装でお越しください。
昼食は各自ご用意ください。

作業会参加者向け

薪原木提供

- ✓ 薪原木提供は木材搬出作業会（12/7、9のいずれか）に参加された方に限ります。
- ✓ 道具や車はご自身でご用意ください。
- ✓ 持ち出し作業は必ず2名以上のグループで行ってください。
- ✓ 持ち出し作業は12月14日～3月末までの平日で、事前に富士癒しの森研究所との日程調整が必要になります。
- ✓ 詳細は木材搬出作業会にて案内します。

図 6-6　木材搬出作業会の宣伝ポスター

第7章　癒しの森でこころを整える

この章では、富士癒しの森研究所の森をカウンセリングの場として活用してきた、森林散策カウンセラーのおすすめの方法を紹介していきます。

森林散策カウンセラーである私（竹内）は、二〇一八年四月から二〇二〇年三月までの二年間、プロジェクト研究員として富士癒しの森研究所に勤務しました。その傍ら、自身の森林散策カウンセリングの臨床研究も行ってきました。実際、癒しの森を活かしてどんなことを行ってきたのか、事例をまじえながら紹介していきたいと思います。

森林散策カウンセリングとは

友達や家族、またはパートナーと森に出かけたとき、気持ちがいいなあと感じる瞬間がありますよね。そんなとき「気持ちがいいねー」と相手に伝え、それを聞いた相手がすぐさま「そうだねー」と答え、そのまま会話がはずんで、楽しく森の中を歩いた経験はないでしょうか？

また、遠足などで森へ出かけたとき、日ごろあまり話したことがなかった人と、偶然歩調がそろって、ふかふかの土や落ち葉を踏み歩いているうちに自然と話し始め、帰る頃にはすっかり打ち解けていたということはないでしょうか。話すつもりではないことを思わず話してしまったり、相手からも思いがけない話を聞いたりしたことはありませんか。はたまた言葉のやりとりだけではなく、「こんな表情をするんだ」など、今まで知らなかった相手の一面を発見したりした経験はありませんか。

森の中では、不思議と日常から解放され、リラックスした気分になります。森林の持つ保健休養機能の研究でも、一五分程度森林に滞在したあとには、緊張感や不安感が和らぎ、活気が高まる効果があることがわかっています（綛谷ほか、二〇〇七）。森の中で一日過ごすと疲労感、抑うつ感、不安感が軽減されたという報告もあります（上原ほか、二〇一七）。つまり、森の中では緊張感や不安感が和らぐので、前述のように日ごろあまり話したことがない人同士でも、気がまえることなく会話ができるのだと考えられます。

私は、「心地よいなあ」と感じる森の中を散策しながら気持ちをリラックスさせ、森の中に存在する樹木、草花、土、小さな動物、昆虫、鳥や、森の自然環境（気候、風、気温、空気、匂い）を楽しみながら、来談者（何らかの問題や不安を持って相談に来る人）と話し合うカウンセリングの研究を行っています。カウンセリングとは、専門的な訓練を受けたカウンセラーが来談者の問題解決のために、その人と、言葉や言葉ではないコミュニケーション（身ぶり、姿勢、表情、視線、行動など）を通じて、人間関係や心理的な援助をする営みのことです（國分、一九九〇）。通常のカウンセリングは、室内の個室などで行うことが一般的で、私のように「森林」という環境を利用したカウンセリングを行うカウンセラーはほとんどいません。そこで、私が森林をどのようにカウンセリングに生かしているか、エピソードをまじえて少しお話ししたいと思います。

私のもとに訪ねてくる来談者は、自然が好きな人が多いです。でも、はじめて私に会い、はじめて森の中をいっしょに歩くときは、ほとんどの来談者は緊張しています。たいてい、何をどのように話していいのかわからない状態のまま、森の中を歩き始めます。そのような状況のなかで、森の中に存在するものは、時に話すきっかけを与えてくれ、緊張をほぐす役目を担ってくれます。

例えば、来談者が森の中をあちこち見まわしながら、不安そうに歩き始めます。森の林床は舗装された道と違って、樹木の根や小枝、落ち葉などがありガタガタしています。舗装されたきれいな道を歩き慣れた来談者は、足元にあるやや大きめの根に気がつきません。案の定、来談者はその根につまずき、「うわっ」と声を発します。私は「大丈夫ですか？」と声かけし、来談者は「びっくりしました」と言います。そして「舗装された道では経験しないことですね」と言葉が続き、会話が始まっていきます。なんてことのない「樹木の根」が会話の糸口になったのです。

こんなこともありました。沈黙したまま歩いていた来談者が、偶然目についた植物を見て、「あっ」と叫びました。私が「どうしましたか?」と尋ねると、来談者は地面に咲く小さな花を指さし、小学校時代に同じ花を友達と摘んだエピソードを話してくれました。それまで自発的に話すことのなかった来談者でしたが、森の中で咲く小さな花が、話をするきっかけとなったのです。

あるときは、あまりにも日常生活に疲れてしまい、話す気力さえわかない来談者といっしょに、私はただ森の中をゆっくりと歩き、新鮮な空気を吸い、景色を見て過ごしただけでした。それでもその来談者は終了時に「疲れて気分が滅入っていても、気持ちがいいなあという感情は現れるものですね」と言い、元気になって帰って行くことができました。このときは、ただただ森の中の自然を来談者といっしょに味わい、過ごしただけでしたが、来談者の気持ちには変化がありました。

これらはほんの一部ですが、森林散策カウンセリングは、そのときの来談者の状況に応じて、森の中の資源をカウンセラーが生かしつつ来談者に働きかけ支援していくことが大きな鍵となります。

2 カウンセリングに最適な森林空間とは

森林散策カウンセリングを受けるには、安全な森林空間と、森林散策カウンセラーが必要です。そのためには身近な森がカウンセリングに適しているのか判断したり、場合によっては、カウンセリングに適した森林空間に整備したりする必要があるでしょう。そこに私のような森林散策カウンセラーを呼んでいただければ、森林散策カウンセリングを受けることができます。では、カウンセリングに適した安全な森林空間とはどのような森なのでしょうか？　森林散策カウンセラーの視点からお話しします。

ここで言う安全な森林空間とは、常に来談者の安全が確保できる散策コースを設定できる森林空間を指します。来談者は安全な空間だからこそ安心して歩くことができ、安心して歩くことができるからこそ、信頼して話すことができるのです。

まずは、利用しようとする森を踏査し、どこに危険なものが存在しているのかを調べます。毒性のある植物はないかどうか、あるとすればそれらがどこに存在しているのか、今にも倒れてきそうな危険な木や落下しそうな枝はないか、などを細かく把握します。同時に、どのような動物がどこに現れるのか、ハチ、アブ、ブユ、蚊など、刺されて困る昆虫がいるのか、それらはいつ出現するのかなども調べます（詳しくは第3章）。そして、安全に歩けそうな場所をいくつか選び、散策中に来談者の具合が悪くなった際に休憩可能な場所があるか、搬送しやすい場所はあるか、急にトイレへ行きたくなったときにどう対応するかなど、考えられる緊急要素をすべてあげてコースを選びます。

コースは、カウンセラーと来談者が歩きながら、落ち着いて一時間対話できる道を設定します。ふだんのスピードで歩いたときに二〇分程度でまわれる道のりで、距離にすると一・二〜一・五キロメートル程度がちょうどいいです。落ち着いて対話できるように、なるべく平坦な地形を選び、かつカウンセラーと来談者が並んで歩行できる道幅がとれると快適です。できれば、さまざまな来談者の生まれ故郷や心の中に秘めている引き出しに少しでもふれる可能性が高くなるように、森は単一の樹種で構成されているよりも、多様なほうがふさわしいと言えます。

カウンセリングに適した森林空間を目指した森づくりを行う場合は、これらの条件を満たすことを意識して森林を整備してください。すでに存在する森を利用する場合は、これらの条件を意識して探してみてください。

とは言っても、身近に「安全な森がない」という場合もあるでしょう。また、ここまで読みすすめたものの、いまひとつどのような森が安全なのかわからず、迷うかもしれません。その場合は、思わず「気持ちいいー！」と心の底から叫びたくなるほど「ワクワク」「ウキウキ」する森を選んでください。自分の感性と感覚を信じて、自分のお気に入りの森を探していただきたいと思います。特に森林散策カウンセラー初心者にとっては、郊外の森林である必要はなく、すでに手入れが行き届き、安全が確保されている都市部の森林公園を利用することも一つの手段です。

ここで、実際に富士癒しの森研究所で森林散策カウンセリングのコースをどのように設定したのか簡単に紹介します。

まず富士癒しの森研究所の森全域を踏査し、散策路の道幅が広く、平坦で見通しがよいこと、コースのどの場所からも徒歩一五分圏内でトイレや休憩可能な事務所へもどれる点を重視してコースを設定しました。

ここでは、技術職員が定期的に見まわりを行っているので、倒れそうな樹木や動物の出現情報、ハチの巣の在り処など、常に最新の危険情報を得ることができます。また、利用者が限られているため、カウンセリング中に見知らぬ人に出会う確率が低く、毎回、安心してカウンセリングを行うことができます。森林内ではヘルメット着用が義務づけられているので、ヘルメットをかぶり慣れていない人は、違和感があるのではないかと心配しましたが、ヘルメットにはすぐに慣れ、むしろ安全に森の中を歩けるという安心感を得られたように思います。

余談ですが、同じ森で月に一度のカウンセリングを一年間行うと、カウンセラーは同じ場所を何度も歩くことになります。でも、私はこれまで一度も飽きたなあと思ったことがありません。それどころか、森へ出かけるときは、わくわくする気持ちがわき上がってきます。森には、樹木をはじめ、植物、昆虫、動物と多くの生き物が存在し、毎回違う姿を見せてくれるので、毎回新しい発見があります（**口絵5**）。私にとって、研究所の森はとても魅力のある場所になっています。

森林散策カウンセラーになるには？

ここで森林散策カウンセラーになる方法について、簡単に説明します。森林散策カウンセラーに必要なものは、森の知識とカウンセリングの技術です。

森の知識は、多くの森の中からカウンセリングを行う場所を選定し、安全な森林散策コースを設定するために必要です。また、来談者の状況に応じて、森の資源を活かして働きかけ、支援していくためには、森の動植物についての知識が必要です。

カウンセリングは、人間の生命を左右する重要な営みであり、専門家として守るべき倫理も定められています。カウンセリング技術は、カウンセリングをするためには必要不可欠です。例えば私は、大学の農学部で林学を専攻する傍ら、日本産業カウンセラー協会の産業カウンセラーと、日本カウンセリング学会の認定カウンセラーの資格を取得しました。また、すでにカウンセラーとして実践している方で、これから森林を利用したカウンセリングを志そうとしている方は、ぜひ第2節「カウンセリングに最適な森林空間とは」で話した森づくりや森林散策カウンセリングコースを設定できるだけの森の知識を得てから、森林散策カウンセリングを試してみてください。

3 こころのために森を使う

ちょっとした相談や話し合いを森で

森林散策カウンセラーがいなくても、安全に整備された森は、「こころ」のために使えます。ここでは私の体験をもとに、こころのための森の使い方の例をいくつか紹介します。

例えば、ちょっと落ちこんだときや、何かを決断するのに迷ったとき、とりあえず誰かに話してすっきりしたいと思うことはありませんか。でも、「誰に相談したらいいんだろう?」「どういうタイミングで打ち明ければいいんだろう?」「どうしたら緊張せずに話せるのだろう?」など、いろいろな思いが浮かんできます。いざ勇気を出して話してはみたものの、結局うまく言葉にできず、逆にストレスがたまったという経験はありませんか? そんなときこそ、室内ではなく、森という環境を利用してみてはいかがでしょうか。第1節「森林散策カウンセリングとは」でもお話ししましたが、森の中ではリラックスした気分になりやすいため、気負いなく自分の気持ちを表現したり、素直に相手の気持ちを聞けたりすることが多々あります。また、自分が聞き手で、今は話を聞く気分じゃないと思えば、相手と同じ景色を見ることに集中し、その場をやり過ごすことができるというメリットもあります。

グループでの話し合いに森を使うのもおすすめです。私は以前、同じトピックについて部屋の中と森の中の両方で話し合いをした経験があります。部屋の中での話し合いは、そのトピックを真剣に考え、非常に堅苦しい雰囲気になりました。一方、森の中で話し合うと、部屋の中で話していた細かい点が気にならず、お互いに鷹揚（おうよう）とした気持ちになり、短時間で話し合いが終了したのです。裏を返せば、真剣な話し合いは、森の中では向いていないのかもしれません。しかし、森の中で、樹木の切り株や丸太を円を描くように並べて、その丸太にみんなで座ると、簡単な話し合いの空間ができます。いつもと同じメンバーでも、室内空間とは異なる考えや人柄に出会いながら話を進めることができます。

リフレッシュに最適

日ごろ多くの人とふれあう仕事に従事していたり、子どもや年老いた親、または配偶者など、なにかと家族のケアに忙しかったり、常に誰かといっしょに過ごさなければいけない状況だったりする場合、たまには日常から離れて一人になりたいと思うことがあるのではないでしょうか。

そのようなとき、森へ出かけて気分をリフレッシュしてはいかがでしょうか。

最後に、森の中で簡単にできるリフレッシュ方法を紹介します。

●寝転ぶ・即席リラクセーション

簡単に、そして素早くリラクセーションを試せる方法の一つに、森の中で「寝転ぶこと」があります。方法は、森の中で地面に背中をつけて寝転がるだけです（図7-1）。

できれば時間を気にせず、好きなだけ寝転がってみてください。

季節によって暑かったり、寒かったりしますので、体温調節をしやすい服装で、ダニや蚊などの虫刺され防止に虫よけスプレーや蚊取り線香を使うなどの工夫をすると、より快適に寝転がって過ごせます。

林床に直接横たわることに抵抗を感じる場合は、手軽に購入できるレジャーシートや、ちょ

図7-1　開放感のある森林空間で寝転ぶ様子
森林散策カウンセリングでは、小休止に10分程度寝転ぶことがある
いったん気持ちを整理し、リフレッシュする

っと奮発して厚めのマットなどを敷くと、より快適に感じられます。準備ができたら、森の中の自分の好きな場所で、好きな時間にできます。

●セルフケア

お気に入りの森に出かけて、日ごろ抱えている悩み、不安、モヤモヤしていること、自分の好きなこと、やりたいこと、やりたくないこと、好きな人、嫌いな人、会いたい人、会いたくない人などのことを思い浮かべてみてください。思い浮かべたあと、どのように自分が感じ始めるのか、どのように自分がそのことを考えているのか、どのようにそのことと進んでいきたいのか、自分は何をしたいのかなどと、自分自身と対話してみてはいかがでしょうか？　自分自身がどのように感じるかを味わってみてください。自分自身に問いかけることにより、何かしらのアイデアやヒント、答えが現れるかもしれません。

もし、一人では話しにくいなあと感じた場合は、お気に入りの樹木を見つけて、モヤモヤした気持ちをその木に問いかけてみてはいかがでしょうか？　その木から、自分自身が問いかけたことへの回答を導き出せるかもしれません。というのも、これはお気に入りの樹木の姿を借りて自分自身に問いかけており、実際には自身の気持ちを整理し、自分自身のことを考え、解決への糸口を見つけ出す作業を行っているのです。じつは森自体がカウンセラーなのかもしれません。

おわりに

富士癒しの森研究所の前身である富士演習林は、一〇年ごとの事業計画を立てて、業務を展開・遂行してきました。今から一〇年前に、新たな計画として「癒しの森プロジェクト」を構想し、それに応じて名称も富士演習林から富士癒しの森研究所に改めました。二〇一一年のことでした。「癒しの森プロジェクト」構想で掲げた概念にそって、少しずつ具体的な活動（実践をともなった研究・教育）に移した経験、そこで得られた知見を紹介したのが本書です。

このプロジェクトを構想するにあたり、私たちは、個別の具体的な地域の事情、つまり立地する山中湖村の事情にとことん向き合ったものにしよう、ローカルな解を見出そう、と考えました（第1章）。これは、学問をする者が目指す「一般解（時や場所を超えて広く通用する説明）の追求」を棚上げにするようなことで、一部に疑問の声もあがりました。それでもなお、私たちが具体的な地域にこだわった理由の一つに、森林科学（林学）において森林利用や森林管理の一般解として提示されてきた知見では、どうしても根本的なところで山中湖村の実情と適合しない、ということがありました。また、歴史をふりかえると、山中湖村の住民のみなさんの多大な協力があって、ここに演習林が設置されたという事実があります。そうした事実がありながら、十分に互恵的な関係になりきれていないのではないか、という懸念も大きく、ローカルな解を追求することで、少しでも山中湖村の発展に協力したい、という思いがありました。

こうして、ローカルへのこだわりに根ざして構想した「癒しの森プロジェクト」ですが、ふりかえってみると、別な一般解（の一つ）にもつながっていくのではないか、と考えるようになりました。

これまでの一般解は主に、木材生産を通じた経済循環を中心に考えられた森林利用・管理のあり方でした。もっとも典型的な考え方は、林業従事者が木材を生産し、その対価を市場（消費者）から得ることによって、森林を管理する費用が賄われる、というものです。それは野球にたとえると、プレーヤーであるプロ野球選手と、野球ファンしかいないという状況です（はじめに）。これに対して、「癒しの森プロジェクト」では地域住民や別荘住民もプレーヤーになることを想定しました。これが、草野球にたとえられるものになります。

草野球のたとえを、もう少し吟味してみましょう。草野球をする人は、プレーヤーでもあり、ファンでもあります。森と人の関係に立ちかえれば、山しごとをする人であり、同時に森の恵みを得る人でもあるということです。かつての山中湖村の人々がそうだったように、各地の村人は、自ら山野に出かけ、薪や肥料などの恵みを得てきました（第1章）。ここに一つの経済活動の形があります。いわば、自給経済と言われるようなものです。私たちが通常、経済と聞いて思い浮かべるのはお金のやりとりを介した経済（貨幣経済）ですが、これはお金を介さない経済（非貨幣経済）です。

これまでの一般解では、非貨幣経済の存在はまったく想定されていません。しかし、山中湖村のような土地柄、つまり収益性の高い木材生産が望めないところでは、貨幣経済に依拠する森林利用・管理モデルはなかなか機能しません。幸い、山中湖村では森の恵みを求める人々が多くいるため、むしろ非貨幣経済を組みこむことで、現実的な森林利用と管理のあり方が考えられました。このような、お金を介さない、また制度化されていない森と人との関わりにもとづいた森づくりは、「ソフトな」森づくり（第2章）とも表現できます。

もう一点、従来の一般解との違いは、森の恵みとして木材（あるいはそれによって得られる収入）だけでなく、「癒し」を中心に考えたところです。後述するように、さまざまな癒しの形があるなかで、私たちがこの一〇年間で主に取り上げてきたのは、「楽しみ」や「喜び」に相当するものです。楽しみや喜びは、貨幣価値などで定量的に評価することが難しく、どうしても学問の対象からも政策の対象からも置き去りにされてきました。しかし、山菜採りやキノコ採りなど、楽しみや喜びを通じた森と人とのつながり方こそが、現代まで持続してきたという事実も指摘できます（齋藤、二〇一九）。癒しは人が森に関わる十分な動機・誘因（インセンティブ）になる、そのように考えて、私たちは地域の森を活かし、管理する方法を研究してきました。

その研究の過程で取り組んできた実践例（第5章・第6章）を通じて、じつは私たちが目指そうとしている森林利用・管理の仕組みは、ほかの地域でも適用できるのではないか、としだいに確信するようになりました。いわば、「もうひとつの一般解」にたどり着く可能性を感じているのです。

おそらくそれは、非貨幣経済を組みこんだ森林利用・管理のあり方と言っていいでしょう。そのためには楽しみや喜びといった、日常の暮らしのなかに織りこまれている、ささやかな心の機微と向かい合うことが、重要になってきます。さらには、楽しみや喜びを実現する技術（第3章）も必要です。これまでのような木材の生産効率重視とはベクトルの異なる技術が探求される（第2章）ことで、より体系的な「もうひとつの一般解」に近づいていくでしょう。

「もうひとつの一般解」とこれまでの一般解の対比は明確（第2章）ですが、必ずしも対立し合うわけではありません。のちの研究や検証を待つ必要がありますが、お互いに補完する関係になることが考えられます。野球の例に立ちもどってみましょう。草野球があることは、プロ野球にとって迷惑なことでしょうか。むしろ、草野球をやる人もプロの技術を知りたかったり、観客になったりするでしょうし、身のまわりにプレーヤーがいることで野球ファンの層を広げ、プロ野球の存立基盤を支えているとも考えられます。

本書で示した「癒しの森づくり」は、これまでの一般解を否定することを意図するものではありません。お金は介さないけれど、森の恵みを求める人が森に直接的に関わることは、森と人とのつながり（森林の生かし方）に厚みが増し、森を管理する仕組みにも幅が出てくる、ということなのだと考えています。森の恵みの引き出しが増え、森をめぐる人の輪が豊かになること、これは日本各地で苦境に立つ林業が目指すべき方向性でもあるでしょう。

さて、いま一度、「癒しの森プロジェクト」を構想したときに立ちかえってみると、なんともおぼつかない、不安が大きいなかでのスタートだったことを思い出します。というのも、前身の富士演習林も森林の保健休養機能を研究・教育の軸にすえていましたが、この計画を立てるメンバーには、その専門家がいなかったのです。将来的にも専門家がここに配置される見こみもないなかで、「富士癒しの森研究所」と名のるなど、ずいぶん大それたことをしたものだと思います。

癒しを看板に掲げる以上、それに関してできることを考えねばなりません。当時、すでに森林浴という言葉も定着し、森林療法（上原、二〇〇三）や森林医学（森本ほか、二〇〇六）が提唱されるなど、森林浴の医学的応用に期待が高まってきていました。しかし、専門家不在のため、自分たちにできる範囲をよく考える必要がありました。そこで、現代人が求める癒しの意味合いを吟味し、辞書的な意味合いより広くとらえ直し（第1章）、日常的な暮らしのなかにある楽しみや喜びを主な対象として取り組むことから始めました。本書でそうした内容が大部分を占めている背景には、このような事情があります。

また、専門家不在でも、外部の専門家の力をお借りすることによって、専門的・科学的知見を得ることができます。私たちは、少しずつ、関連する専門家とのつながりをつくり、私たちが取り扱える癒しの幅を広げようとしてきました。幸いにも、「癒しの森プロジェクト」の後半では、専門家と地域行政をまじえた共同研究として「森活で健康プロジェクト」(二〇一七―二〇二〇年度)を立ち上げることができ、「健康」を視野に入れることができるようになりました。「森活で健康プロジェクト」を推進するため、カウンセラーの資格を持つ竹内さん(第7章)に所員として加わっていただき、癒しの森の生かし方にさらに広がりが出てきました。

ちょうど今、次の一〇年間の計画を立てている真っ最中なのですが、「健康」ははずせないキーワードとなります。医学分野の専門家、地域の健康づくりに森林を活用する実践家など、新たな方々と連携し、日々の健康づくりや医療への応用に寄与する研究組織・研究フィールドを目指していきたいと考えています。

とは言え、これまで取り組んできた、日々の暮らしのなかで森から楽しみや喜びを得ることの追求をやめるわけではありません。この一〇年間で、答えを出したどころか、むしろ多くの課題が見えてきた、というのが実情です。

例えば、森林の状態として、誰もが楽しめるような、癒しの森づくりの具体的な技術的指針をこの一〇年で示せたわけではありません。多くの人に、安全に、そしてより快適に過ごしてもらうためには、どのような森の状態に誘導していくのがいいのか、次の一〇年間で取り組むべき課題であると考えています。

また、ヨーロッパのいくつかの国では、原則として森には誰もが分けへだてなく自由に立ち入り、散歩などを楽しむ権利が認められています（三俣、二〇一九）。これに対し、日本では誰もが立ち入ることのできるような森はごくわずかです。同じような制度の構築はすぐには難しいでしょうが、誰が立ち入っても問題が生じないようにする地域限定のルールや、楽しむ人自身の知識や規範の形成が、まず取り組むべき研究課題になるでしょう。

このように、誰もが気軽に親しめる森が広がっていくことにつながる研究に、私たちは取り組んでいきたいと考えています。とは言え、これは、とても大きな研究課題で、私たちだけでやり遂げられるとは考えられません。山中湖村のみならず、多くの地域での小さな実践の積み重ねが、「癒しの森づくり」の知見を形成・蓄積し、やがては日本各地で癒しの森を磐石（ばんじゃく）なものとする社会を形づくるのだと思います。本書が、これまで森や林業のことをあまり気にとめていなかった方が少しでも身近な森に関わり、日本の森林や林業のあり方を考えるきっかけになることを、私たちは期待しています。もし、自分も実際に森に関わってみたいと思い、それを実践していただける方がいるならば、それに勝る喜びはありません。ただし、その実践を始めるにあたっては多くの障壁があることでしょう。大事なのは、その障壁を素直に受け止めたうえで、自分ができる範囲で、またできる関わり方で、そしてもっとも大事なのは、「楽しみながら」少しずつ障壁を乗り越えていくことだと考えています。私たちは、各地で挑戦をするみなさんと、今後、意見交換・情報交換をしていけるようになることを望んでいます。

富士癒しの森研究所は、常勤の職員は四人の小さな研究所です。本書で紹介した、「癒しの森プロジェクト」での数々の取り組みは、多くの方々のお世話になってこそできたことです。まず、私たちが企画したイベントや社会実験におつきあいくださった、山中湖村の住民・別荘利用者の方、近隣市町村の住民のみなさんに、深く感謝申し上げます。山中湖村の高村文教村長には、山中湖村と富士癒しの森研究所の相互交流の協定を締結するにあたり、ご尽力いただきました。この協定が結ばれたことにより、村の行政との連携が円滑になり、住民のみなさんと関わる催しがより充実したものになっています。また、私たちだけでは人手や手持ちの技術が足りないとき、応援に駆けつけてくれた、東京大学のほかの演習林のみなさんにもお礼を申し上げたいと思います。イベント企画をはじめとして豊富な経験をもとに研究所の活動全般をサポートしてくださった演習林企画部長（当時）の石橋整司先生、「癒しの森プロジェクト」立ち上げ時に、いっしょに議論していただき、また教育活動にも参画していただいた初代所長の後藤晋先生、研究所としての新しい技術の導入に尽力してくださった歴代技術主任の齋藤俊浩さん、村瀬一隆さんには、記してお礼申し上げます。

最後に、本書の企画にあたり、即座に出版をかって出て、私たちが勇気づけられるコメントをしてくださった築地書館の土井二郎社長、私たちの拙い原稿を、出版に堪えるように大胆に、そして素早く再編集してくださった同社の橋本ひとみさんに、感謝をお伝えしたいと思います。

なお、本書を刊行するにあたり、科学研究費補助金基盤研究（B）特設分野「地域の健康を支える資源としての森林資源のポテンシャルと住民のニーズの把握」（17KT0072）の助成を受けました。記して感謝申し上げます。

二〇二〇年五月

齋藤暖生

引用・参考文献（掲載順）

第1章

富士演習林創設八十周年記念事業企画委員会編　二〇〇五　東京大学富士演習林の80年――軌跡と未来　東京大学演習林出版局

熊谷洋一　一九九二　富士山を背景に快適環境林の研究――富士演習林　森林科学の森東京大学演習林　東京大学農学部附属演習林　二七－三〇

上村正名　一九七九　村落生活と習俗・慣習の社会構造（村落社会構造史研究叢書第六巻）　御茶の水書房

齋藤暖生　二〇二〇　生業の場としての富士山　大高康正編　古地図で楽しむ富士山　風媒社　一七二－一七八

今尾撫翠　一九一二　富士百景　実業之日本社

齋藤暖生　二〇一八　富士山北東麓の生態と生業――地域環境の限界と可能性　静岡県民俗学会誌三一・三二：一－一〇

齋藤暖生　二〇一九　山中湖のワカサギと東京帝国大学　演習林六一：三五－四三

山本清龍　二〇〇二　山中湖にみる保養地及び観光地としての史的展開と空間構造について　ランドスケープ研究六五（五）：七七三－七七八

佐々木博　一九八八　観光地山中湖村の地域形成　筑波大学地域研究六：九五－一三四

Ohsawa M., Kuroda Y. and Katsuya K.　1994. Heart−Rot in Old−Aged Larch Forests（I）: State of Damage

Caused by Butt-Rot and Stand Conditions of Japanese Larch Forests at the Foot of Mt. Fuji. Journal of Forest Research 76 (1): 24-29
笠原琢志　二〇一七　山梨県山中湖村における薪の利用実態と薪の調達源としての森林――世帯属性の違いからみた考察　東京大学大学院農学生命科学研究科森林科学専攻修士論文
山村順次　一九九四　観光地の形成過程と機能　御茶の水書房

第2章

品田　穣　二〇〇四　ヒトと緑の空間――かかわりの原構造　東海大学出版会
齋藤暖生　二〇一七　森が秘める「癒し」のはたらき　三俣　学・新澤秀則編著　都市と森林　晃洋書房　二九-四六
上原　巖・清水裕子・住友和弘・高山範理　二〇一七　森林アメニティ学――森と人の健康科学　朝倉書店
深澤　光　二〇〇一　薪割り礼賛　創森社
草苅　健　二〇〇四　林とこころ　北海道林業改良普及協会
上原　巖　二〇〇九　実践！上原巖が行く森林療法最前線　全国林業改良普及協会
小椋純一　二〇一二　森と草原の歴史――日本の植生景観はどのように移り変わってきたのか　古今書院
千葉徳爾　一九九一　増補改訂はげ山の研究　そしえて
恩田裕一編　二〇〇八　人工林荒廃と水・土砂流出の実態　岩波書店
齋藤暖生・藤原章雄・村瀬一隆・西山教雄・笠原琢志・浅野友子　二〇一七　山梨県山中湖村における薪需要把握――煙突等の目視踏査、アンケート調査、薪原木販売実験　演習林五九：一八七-二〇五

第4章

木平英一　二〇一三　私たち針葉樹薪の味方です！　薪ストーブライフ一八：四五-四七

第5章

冨田光紀監修　二〇〇四　カラー図解すぐ使えるロープとひも結び百科　主婦の友社

南雲秀次郎・箕輪光博　一九九〇　現代林学講義10　測樹学　地球社

第6章

吉長成恭・関根秀樹・中川重年編　二〇〇三　焚き火大全　創森社

神谷由紀子編著　二〇一四　フットパスによるまちづくり——地域の小径を楽しみながら歩く　水曜社

齋藤暖生・藤原章雄・村瀬一隆・西山教雄・笠原琢志・浅野友子　二〇一七　山梨県山中湖村における薪需要把握——煙突等の目視踏査、アンケート調査、薪原木販売実験　演習林五九：一八七—二〇五

第7章

綛谷珠美・奥村　憲・吉田祥子・高山範理・香川隆英　二〇〇七　様々な里山景観での散策による生理的・心理的効果の差異　ランドスケープ研究七〇（五）：五六九-五七四

上原　巌・清水裕子・住友和弘・高山範理　二〇一七　森林アメニティ学――森と人の健康科学　朝倉書店
國分康孝編　一九九〇　カウンセリング辞典　誠信書房

おわりに

齋藤暖生　二〇一九　食用植物・キノコの採取・利用にみる森林文化――文化的要素の抽出および文化動態の解釈の試み　林業経済研究六五（一）：一五―二六
上原　巌　二〇〇三　森林療法序説――森の癒しことはじめ　全国林業改良普及協会
森本兼曩・宮崎良文・平野秀樹編　二〇〇六　森林医学　朝倉書店
三俣　学　二〇一九　人と自然の多様なかかわりを支える自然アクセス制――北欧とイギリスの世界　日本生命財団編　人と自然の環境学　東京大学出版会　六一―八四

著者紹介

浅野友子（あさの・ゆうこ）

一九七二年滋賀県生まれ。京都大学大学院農学研究科博士後期課程修了。日本学術振興会特別研究員を経て、現在、東京大学大学院農学生命科学研究科講師。専門は森林水文学、砂防学。主な論文に「山地河川における洪水時の河道抵抗の実態」（共著、砂防学会誌）などがある。

癒しの森の可能性を目の当たりにし、実践、広報や普及に取り組んできた。前・富士癒しの森研究所長。

齋藤暖生（さいとう・はるお）

一九七八年岩手県生まれ。京都大学大学院農学研究科博士後期課程修了。総合地球環境学研究所プロジェクト研究員を経て、現在、東京大学大学院農学生命科学研究科講師。専門は森林政策学、森林—人間関係学、植物・菌類民俗、コモンズ論。主な著書に『森林と文化——森とともに生きる民俗知のゆくえ』（共編著、共立出版）、『人と生態系のダイナミクス２　森林の歴史と未来』（共著、朝倉書店）などがある。

「癒しの森プロジェクト」の構想を提案し、実践・研究してきた。幼少の頃より森の恵み、森で得られる楽しみを体験したことから、主にキノコ・山菜採りをする人々のふるまいや暮らしに着目し、山の豊かさや、森とのつきあい方を追究してきた。現・富士癒しの森研究所長。

藤原章雄（ふじわら・あきお）

一九七一年生まれ、熊本県で育つ。東京大学大学院農学生命科学研究科修士課程修了。その後博士（農学）取得。

現在、東京大学大学院農学生命科学研究科助教。森林について感性情報を含むあらゆる情報を蓄積することで、サイバー空間に実在の森林を存在させることを目指す、次世代森林情報基盤サイバーフォレストを提案。「癒しの森プロジェクト」の構想を提案し、実践・研究するなかで、特に森と人との感性的・情緒的な関わりに注目する。森とメディアと人との関係を研究する過程で、森のインターネットライブ配信などを実践してきた。

辻　和明（つじ・かずあき）

一九七一年東京都生まれ。一九九四年に東京大学演習林技術職員として採用、二〇一五〜二〇一九年度の五年間、富士癒しの森研究所に勤務。樹木医、森林インストラクター。

癒しの森づくりの実践、技術、広報担当。東京大学樹芸研究所での二一年間の勤務で得た森林管理の技術と知識、経験を癒しの森づくりで生かす。特に樹木の健康状態を察知する技術、植物についての豊富な知識を持つ。

西山教雄（にしやま・のりお）

一九七二年山梨県生まれ。一九九〇年より東京大学演習林技術職員として富士演習林（富士癒しの森研究所の前身）に配属。二〇〇一〜二〇〇九年度秩父演習林勤務を経験。高所作業車、フォークリフト、車両系建築機械（整地等）運転、小型移動式クレーン、玉掛けの資格を持つ。

癒しの森づくりの実践、技術、安全管理担当。メンバーのなかでもっとも長く富士癒しの森研究所に勤務し、さまざまな機械についての知識と技術を生かして森を管理し、森に入る人の安全を守ってきた。

竹内啓恵（たけうち・ひろえ）

一九七一年東京都生まれ。明治学院大学経済学部商学科卒業。一般企業を経て、東京農業大学大学院農学研究科林学専攻博士後期課程修了。現在は、（一社）全国森林レクリエーション協会研究員・東京農業大学地域環境科学部森林総合科学科非常勤講師・樹づ木合同会社代表として働く。専門は森林療法学、森林散策カウンセリング、造林学。

癒しの森づくりの実践と研究、普及を担当。癒しの森の評価のものさしを「単に〝楽しい〟かどうか」から「こころもからだも健やかに生きているかどうか」まで深化させた。世界初の森林散策カウンセラー。

齋藤純子（さいとう・じゅんこ）

一九七二年京都府生まれ。職歴は多種にわたる。縁あって山中湖村へ移住し、富士演習林で事務員として働き始める。生き物好きが功を奏し、研究所の鳥類調査をまかされる。所内一の写真好きでもある。癒しの森づくりの実践と記録、事務、熾火料理レシピ開発を担当。プロジェクト開始時からのメンバーで、縁の下の力持ち。本書では、写真とイラストを担当。

富士癒しの森研究所についての最新の情報は http://www.ufa.u-tokyo.ac.jp/fuji/ をご覧ください。

各章の執筆者

第1章　齋藤暖生と浅野友子の共著
第2章　齋藤暖生
第3章　1～4は辻　和明、5は西山教雄と齋藤暖生の共著
第4章　齋藤暖生
第5章　1・3・4は藤原章雄、2は齋藤暖生
第6章　浅野友子と齋藤暖生の共著
第7章　竹内啓恵
コラム　1辻　和明　2齋藤暖生　3西山教雄
　　　　4藤原章雄　5齋藤暖生　6竹内啓恵

東大式 癒(いや)しの森のつくり方

森の恵みと暮らしをつなぐ

2020年10月14日　初版発行

編　者　東京大学富士癒しの森研究所
発行者　土井二郎
発行所　築地書館株式会社
〒104-0045 東京都中央区築地7-4-4-201
TEL.03-3542-3731　FAX.03-3541-5799
http://www.tsukiji-shokan.co.jp/
振替 00110-5-19057
印刷・製本　中央精版印刷株式会社
デザイン　秋山香代子

ISBN978-4-8067-1608-2

● 築地書館の本 ●

地域林業のすすめ

林業先進国オーストリアに学ぶ
地域資源活用のしくみ

青木健太郎＋植木達人［編著］
2,000円＋税

大規模林業と小規模林業が共存して持続可能な森林経営を行っているオーストリア。そのカギは、徹底した林業専門教育、地域密着のエネルギー供給をはじめとする土地に根ざした地域主体の小規模林業・林産業と多様な支援体制にあった。
日本の農山村が、地域の自然資源を活かして経済的に自立するための実践哲学を示す。

森林未来会議

森を活かす仕組みをつくる

熊崎実・速水亨・石崎涼子［編著］
2,400円＋税

これからの林業をどう未来に繋げていくか。林業に携わる若者たちに林業の魅力を伝え、林業に携わることに夢と誇りを持ってもらいたい。欧米の実情にも詳しい森林・林業研究者と林業家、自治体で活躍するフォレスターがそれぞれの現場で得た知見をもとに、林業の未来について３年にわたり熱い議論を交わした成果から生まれた一冊。